Vim 8 文本处理实战

[美] 鲁斯兰·奥西波夫（Ruslan Osipov）著

王文涛 译

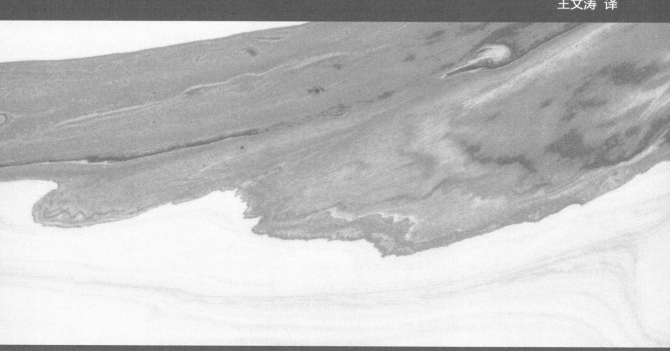

人民邮电出版社

北 京

图书在版编目（ＣＩＰ）数据

Vim 8文本处理实战 ／（美）鲁斯兰·奥西波夫
（Ruslan Osipov）著 ；王文涛译. -- 北京 ：人民邮电
出版社，2020.2（2020.9重印）
　ISBN 978-7-115-52705-9

　Ⅰ. ①V… Ⅱ. ①鲁… ②王… Ⅲ. ①UNIX操作系统—
程序设计 Ⅳ. ①TP316.81

　中国版本图书馆CIP数据核字(2019)第266278号

◆ 著　　　　[美] 鲁斯兰·奥西波夫（Ruslan Osipov）
　 译　　　　王文涛
　 责任编辑　陈聪聪
　 责任印制　焦志炜

◆ 人民邮电出版社出版发行　　北京市丰台区成寿寺路 11 号
　 邮编 100164　电子邮件 315@ptpress.com.cn
　 网址 http://www.ptpress.com.cn
　 涿州市京南印刷厂印刷

◆ 开本：800×1000　1/16
　 印张：15.75
　 字数：291 千字　　　　　　　　2020 年 2 月第 1 版
　 印数：2 401 – 2 800 册　　　　　2020 年 9 月河北第 2 次印刷
　 著作权合同登记号　图字：01-2019-0418 号

定价：59.00 元
读者服务热线：(010)81055410　印装质量热线：(010)81055316
反盗版热线：(010)81055315
广告经营许可证：京东市监广登字 20170147 号

内容提要

　　作为全面介绍 Vim 使用方法的教程，本书介绍了各种常用的文本编辑方法和程序设计中的实用操作，深入 Vim 内部的数据结构和 VimScript 脚本编程，内容详实。本书基于 Vim 8 平台，介绍了前沿分支 Neovim，还推荐了更先进的 Oni 编辑器，兼容并包，集 Vim 社区典型使用经验和发展趋势于一体。

　　本书面向的读者群体是所有使用 Vim 的程序员，书中的示例文本为 Python 代码，并详细介绍了 Git 和正则表达式。读者需要对操作系统和程序设计有基本的了解，特别是需要了解 Linux 操作系统的基本使用。虽然本书尝试兼顾三大操作系统，但毫无疑问书中内容以 Linux 为主。本书可以帮助读者完善 Vim 技能，增加程序设计的知识储备。

致谢

关于作者

Ruslan Osipov 是 Google 公司的软件工程师，也是一名旅游爱好者和业余博主。他自学成才，2012 年开始发布个人的 Vim 笔记。从那时开始，Ruslan 就越来越关注这款强大的编辑器，以及那些可优化工作流程的应用。

特别感谢 Divya 和 Pooja，他们的辛苦努力使本书顺利地通过了评审。

关于审稿人

Bram Moolenaar 是 Vim 的创造者和维护人，他致力于这项事业已经超过 27 年了。在众多志愿者的帮助下（包括提供补丁程序和测试），Vim 还在不断改进并推出新的版本。

Bram 在学习电子学并发明了数字复印机部件之后，发现编写开源软件更有用且更有趣，于是他数十年如一日地投入到了开源事业中。目前，他在 Google 公司工作，Google 正是少数完全拥抱开源软件的公司之一。在此期间，他还为乌干达的一个项目做了志愿工作，并通过 ICCF 基金会帮助那里的贫困儿童。

我要感谢所有的 Vim 开发者，他们帮助我将 Vim 发展至今。没有他们，就没有这么多功能得以实现，质量也将远不如现在。我还要感谢所有的 Vim 插件编写者，他们让 Vim 能够实现更复杂的功能。最后，我要感谢 Ruslan 写了这样一本书，书中不仅向用户介绍了 Vim 内置的功能，还推介了不少插件及其用法。

前言

本书向读者介绍了 Vim 的奇妙世界，其中包含了许多 Python 代码示例和一些面向工程的工具。本书强烈建议读者将 Vim 作为主要集成开发环境（IDE），以便将本书中的经验推广应用到任意编程语言。

本书的读者

本书适用于初级、中级和高级程序员。本书将介绍如何高效地将 Vim 应用于日常工作流程的方方面面。虽然书中涉及了 Python，但 Python 或 Vim 的经验并不是阅读本书所必需的。

本书的内容提要

- 第 1 章，开始 Vim 之旅。介绍了 Vim 的基本概念。

- 第 2 章，高级编辑和文本浏览。介绍了光标移动方法和更复杂的编辑操作，另外，还介绍了几种插件。

- 第 3 章，使用先导键——插件管理。介绍了模式、键盘映射和插件管理。

- 第 4 章，理解文本。介绍如何基于语义地使用代码库，并在代码库中浏览文件。

- 第 5 章，构建、测试和执行。介绍如何在编辑器内外运行代码。

- 第 6 章，用正则表达式和宏来重构代码。深入介绍代码重构操作。

- 第 7 章，定制自己的 Vim。讨论了如何进一步定制个人的 Vim 工作流程。

- 第 8 章，卓尔不凡的 Vimscript。深入介绍了 Vim 提供的强大脚本语言。

- 第 9 章，Neovim。推介了一种新的 Vim 变体。

- 第 10 章，延伸阅读。本章为读者提供了一些建议以供参考，并推荐了一些读者可能会感兴趣的资源站点。

资源与支持

本书由异步社区出品，社区（https://www.epubit.com/）为您提供相关资源和后续服务。

配套资源

本书提供如下资源：

● 本书源代码。

要获得以上配套资源，请在异步社区本书页面中单击 配套资源 ，跳转到下载界面，按提示进行操作即可。注意：为保证购书读者的权益，该操作会给出相关提示，要求输入提取码进行验证。

提交勘误

作者和编辑尽最大努力来确保书中内容的准确性，但难免会存在疏漏。欢迎您将发现的问题反馈给我们，帮助我们提升图书的质量。

当您发现错误时，请登录异步社区，按书名搜索，进入本书页面，单击"提交勘误"，输入勘误信息并单击"提交"按钮即可，如下图所示。本书的作者和编辑会对您提交的勘误进行审核，确认并接受后，您将获赠异步社区的 100 积分。积分可用于在异步社区兑换优惠券、样书或奖品。

扫码关注本书

扫描下方二维码，您将会在异步社区微信服务号中看到本书信息及相关的服务提示。

与我们联系

我们的联系邮箱是 contact@epubit.com.cn。

如果您对本书有任何疑问或建议，请您发送邮件给我们，并请在邮件标题中注明书名，以便我们更高效地做出反馈。

如果您有兴趣出版图书、录制教学视频，或者参与图书翻译、技术审校等工作，可以发邮件给我们；有意出版图书的作者也可以到异步社区在线提交投稿（直接访问 www.epubit.com/selfpublish/submission 即可）。

如果您所在的学校、培训机构或企业想批量购买本书或异步社区出版的其他图书，也可以发邮件给我们。

如果您在网络上发现针对异步社区出品图书的各种形式的盗版行为，包括对图书全部或部分内容的非授权传播，请您将怀疑有侵权行为的链接发邮件给我们。您的行动是对作者权益的保护，也是我们持续为您提供有价值的内容的动力之源。

关于异步社区和异步图书

"**异步社区**"是人民邮电出版社旗下 IT 专业图书社区，致力于出版精品 IT 技术图书和相关学习产品，为作译者提供优质出版服务。异步社区创办于 2015 年 8 月，提供大量精品 IT 技术图书和电子书，以及高品质技术文章和视频课程。更多详情请访问异步社区官网 https://www.epubit.com。

"**异步图书**"是由异步社区编辑团队策划出版的精品 IT 专业图书的品牌，依托于人民邮电出版社近 30 年的计算机图书出版积累和专业编辑团队，相关图书在封面上印有异步图书的 LOGO。异步图书的出版领域包括软件开发、大数据、AI、测试、前端、网络技术等。

异步社区

微信服务号

目录

第 1 章
开始 Vim 之旅

本书将向读者介绍如何更好地使用 Vim 和 Vim 插件，以及一些与 Vim 理念一脉相承的工具。

每个工具背后都有它的独特理念，Vim 也不例外。Vim 引入了一种不同的文本处理方式，这种方式是现如今大部分人并不熟悉的。

本章的内容是为使用 Vim 作铺垫，重点介绍这种理念的与众不同之处，并向读者推荐一些良好的编辑习惯，帮助读者体验一个操作更友好的 Vim，并确保读者能够在工作中找到适合自己的工具。为了让示例更加具体，本章会使用 Vim 来创建一个短小的 Python 程序。

本章会涉及如下主题。

- 模式界面和无模式界面的对比，为什么 Vim 与众不同。

- Vim 的安装和基本编辑功能。

- Vim 的图形用户界面 gVim。

- 通过配置 Vim 来编写 Python，修改配置文件 .vimrc。

- 常用文件操作，包括打开、修改、保存和关闭文件。

- 光标移动操作，包括通过箭头键移动、hjkl 键、逐个单词移动、逐段落移动等。

- 文件的简单编辑，将编辑命令与光标移动命令结合起来。

- 持久化的撤销历史。

- 浏览 Vim 的内置手册。

1.1 技术性要求

本章示例是一些基本的 Python 程序，读者没必要专门去下载与本章相关的任何代码，因为这些代码都可以从头开始编写。如果读者没有跟上节奏而需要更多指引，可以在异步社区中找到示例代码。

本书用 Vim 编写 Python 代码，并且假定读者对该语言比较熟悉，版本为 Python 3。

如果读者习惯 Python 2 的语法，则只需要修改 print()命令，就可以将 Python 3 示例转换为 Python 2 了。比如，将所有的 print('Woof!')换成 print 'Woof!'，代码就可以作为 Python 2 版本正常运行了。

本章还会介绍如何创建和修改 Vim 配置文件，即.vimrc 文件。最终的.vimrc 文件可以在异步社区中找到。

1.2 开始对话（关于模式界面）

如果读者曾经编辑过文本，很可能已经非常熟悉无模式（modeless）界面了，因为这是现代主流文本编辑器的默认选项，大多数人也是通过它来学习文本处理的。"无模式"指的是每个界面元素都只有一个功能，每个按钮都对应于屏幕上的一个字母或某种其他操作，每个按键（或组合键）总是做同样的事：此应用程序总是以单一模式来执行操作。

但这并不是文本处理的唯一方式。那么现在，欢迎来到模式界面的世界。在这里，根据上下文的不同，每个行为可能对应于不同的操作。现在常见的模式界面应用设备为智能手机，每当打开一个不同的应用或菜单时，在屏幕上单击一下就会执行不同的功能。

对于文本编辑器，情况类似。Vim 就是一款模式编辑器，即在不同的上下文，单击一个按钮会产生不同的行为结果。当 Vim 处于插入模式（用于文本输入的模式）时，单击 o 键会在屏幕上得到 o。但当切换到不同的模式时，按 o 键的行为会发生变化，比如在光标下面添加新行。

使用 Vim 就像是与编辑器进行对话。通过命令 d3w[刚好是删除（delete）3 个单词（word）的英文缩写]可以删除后面 3 个词；通过命令 ci"[改变（change）引号里面（inside）

的英文缩写]则可以改变引号里面的文本。

编辑速度快并不是 Vim 的卖点。Vim 让用户置身于文本处理的流程中，不需要因为找鼠标而打乱节奏；也不需要按 17 次方向键到达页面中的某个位置；更不需要在复制粘贴时通过鼠标操作来小心翼翼地选择文本。

当使用无模式编辑器时，工作流程总是会被打断。而对于模式编辑器，特别是 Vim，文本处理就像是与编辑器进行了一次亲密交谈，而且是用一种一致的语言与编辑器进行交流，比如删除 3 个单词（命令为 d3w）、改变引号内文本（命令为 ci"）。通过 Vim，文本编辑变成一种更从容的操作。

1.3　安装

Vim 可在各种操作系统中安装，而且在 Linux 和 macOS 中是自带的（不过，读者可能需要将其升级到更新的版本）。在接下来的章节中，请读者确认自己的操作系统，并根据指令设置好 Vim。

1.3.1　在 Linux 系统中设置 Vim

Linux 操作系统自带 Vim，但是其版本可能比较旧了，而本书使用的 Vim 8 引入了一些急需的优化。首先，读者需要进入命令行界面，然后执行如下命令。

```
$ git clone https://github.com/vim/vim.git
$ cd vim/src
$ make
$ sudo make install
```

如果读者在安装 Vim 时遇到问题，原因可能是系统中缺少一些依赖库。如果读者使用的是基于 Debian 的 Linux 发行版，下列命令可以用于安装常用的缺失依赖库。

```
$ sudo apt-get install make build-essential libncurses5-dev
  libncursesw5-dev --fix-missing
```

注意，这里的 $ 仅仅用来标识这是一个 Shell 命令，并不属于命令行的一部分。按照上述方法，可以成功将 Vim 更新到最新版本。当然，如果读者不在乎是否最新，仍然可以使用系统的包管理器来更新 Vim。不同的 Linux 发行版本使用不同的包管理器，如表 1.1 所示。

表 1.1

发 行 版	安装最新 Vim 的命令
基于 Debian（Debian、Ubuntu、Mint）	`$ sudo apt-get update`
	`$ sudo apt-get install vim-gtk`
CentOS（以及 Fedora 22 之前的版本）	`$ sudo yum check-update`
	`$ sudo yum install vim-enhanced`
Fedora 22+	`$ sudo dnf check-update`
	`$ sudo dnf install vim-enhanced`
Arch	`$ sudo pacman -Syu`
	`$ sudo pacman -S gvim`
FreeBSD	`$ sudo pkg update`
	`$ sudo pkg install vim`

在表 1.1 中可以发现，Vim 在不同的软件库中使用不同的名称。基于 Debian 的发行版中的 `vim-gtk`，或 CentOS 上的 `vim-enhanced` 提供了更多的功能（如图形用户界面支持）。

有一点需要注意的是，包管理器软件仓库中的 Vim 版本一般会有所滞后，少则几个月，多则几年。

现在已经准备好进入 Vim 世界了！可以通过如下命令打开一个 Vim 编辑器。

```
$ vim
```

在现代的操作系统上，读者可以通过命令 `vi` 打开 Vim，但这不是绝对的。在旧版本的系统上，两者是不同的程序。Vim 是 Vi 的继承者（Vim 是 Vi improved 的缩写），只不过，现如今 Vi 仅仅是指向 Vim 的一个别名。而且，我们没有理由使用 Vi 而不使用 Vim，除非由于某种原因无法安装 Vim。

1.3.2　在 macOS 系统中设置 Vim

macOS 系统中已经安装好了 Vim，但是版本较旧。安装更新版本的 Vim 有很多种方法，这里介绍两种。第一种方法是使用 Homebrew 安装，这是 macOS 上的一种包管理器。不过，读者需要首先安装 Homebrew。第二种方法是下载 MacVim 的 `.dmg` 安装包，对于习惯了图形界面的 Mac 用户而言，这种安装体验会更熟悉一些。

因为本书使用命令行进行交互，所以推荐使用 Homebrew 安装 Vim。但是如果读者对命令行实在不感兴趣，则可以使用 .dmg 安装包完成 Vim 的安装。

1. 使用 Homebrew

Homebrew 是 macOS 上的一种第三方包管理器，它可以使用户方便地安装或更新到最新的软件。关于如何安装 Homebrew，读者可以在 Homebrew 官网中找到相关指令。编写本书的时候，Homebrew 的安装命令已经简化为一条命令行。

```
$ /usr/bin/ruby -e "$(curl -fsSL
https://raw.githubusercontent.com/Homebrew/install/master/install)"
```

图 1.1 为该命令执行 Homebrew 安装过程所需要经历的一系列操作。执行操作后按 Enter 键。

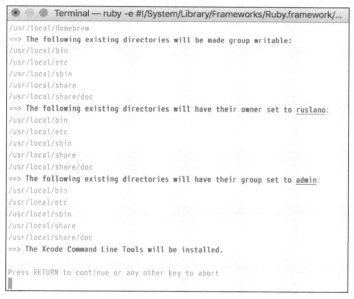

图 1.1

 如果读者没有安装 XCode（XCode 通常是在 macOS 上进行与开发相关的行为的必备条件），则会得到一个 XCode 的安装提示框。这里不会直接使用 XCode，因而按照默认设置安装好就可以了。

这个过程可能会有点长，但如果一切顺利，最终会安装好 Homebrew。Homebrew 是一个神奇的工具，它的功能不仅仅是安装 Vim！安装完成时，会看到粗体字显示的**安装成功!**提示。

用下面的命令安装新版本的 Vim。

```
$ brew install vim
```

Homebrew 会安装好所有必要的依赖项，正常情况下，读者会看到如图 1.2 所示的结果。

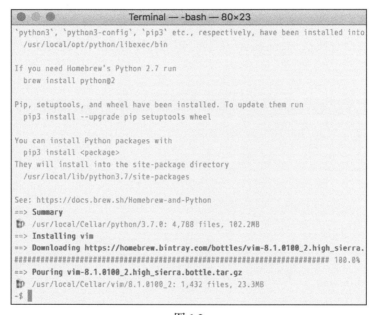

图 1.2

如果读者已经安装了 Homebrew，而且曾经安装过 Vim，则前面的命令将会产生一个错误。如果读者只是想更新到最新版本的 Vim，这时应该执行下列命令。

```
$ brew upgrade vim
```

现在，已经准备好使用 Vim 了，那么用下面的命令开启 Vim 之旅吧。

```
$ vim
```

图 1.3 所示为 Vim 的启动界面。

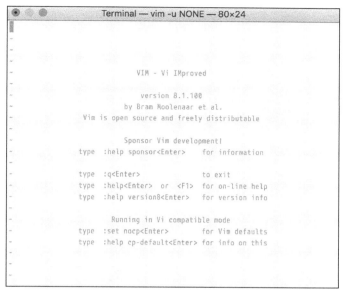

图 1.3

2．下载.dmg 安装包

首先，下载 MacVim.dmg。然后双击打开 MacVim.dmg，再将 Vim 图标拖曳到 Applications 目录中，如图 1.4 所示。

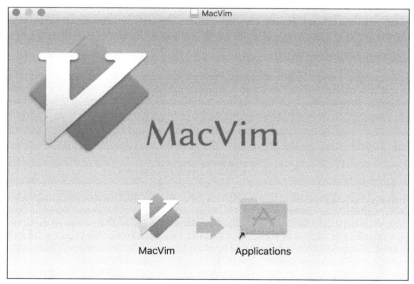

图 1.4

　　由于 Mac 的安全设置，因此当读者进入 Applications 目录并尝试打开 MacVim
应用时，系统可能会弹出图 1.5 中的错误提示。

图 1.5

　　为解决这个问题，可以打开 Applications 目录，找到 MacVim，右键单击图标，
选择 Open 选项，系统会弹出如图 1.6 所示的对话框。

图 1.6

　　单击 Open 按钮，MacVim 会正常启动，而且以后都不会再弹出这样的对话框。
图 1.7 所示为 Vim 的启动界面。

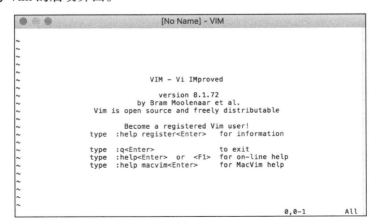

图 1.7

1.3.3 在 Windows 系统中设置 Vim

在 Windows 操作系统下有两种安装 Vim 的方式：第一种是在 Cygwin 中安装命令行版本的 Vim，并在命令行中使用 Vim；第二种是安装 Vim 的图形界面版本 gVim（它也有在 `cmd.exe` 上运行的终端版本）。建议读者尝试两种安装方式并从中选择喜欢的一种：gVim 更像 Windows 系统中的其他应用程序（也更容易安装），而 Cygwin 可能对于习惯了 UNIX Shell 命令行的人来说更亲切一些。

在 Cygwin 中感受类 UNIX 操作体验

Cygwin 是 Windows 的类 UNIX 环境，它提供了一种命令行界面，致力于将强大的 UNIX Shell 命令行以及相关的支撑工具带到 Windows 操作系统中。

（1）安装 Cygwin

在开始安装之前，需要先浏览 Cygwin 官网 ，然后下载 `setup-x86_64.exe` 或 `setup-x86.exe`，它们分别对应于 64 位和 32 位的版本。

 如果不确定操作系统是 32 位还是 64 位，可以打开 **"控制面板->系统和安全->系统"**，找到 **"系统类型"**。比如，很多 64 位的 Windows 机器上会显示 **系统类型：64 位操作系统，基于 x64 的处理器**。

双击下载的可执行文件，会弹出如图 1.8 所示的 Cygwin 安装窗口。

图 1.8

在接下来的安装工程中，单击 **Next** 按钮数次，即以此选择如下默认设置。

- 下载源（Download source）：从互联网地址下载，而不是本地缓存。

- 根目录（Root directory）：`C:\cygwin 64`（或其他推荐的默认设置）。

- 为哪些用户安装（Install for）：所有用户。

- 本地软件包目录（Local package directory）：`C:\Downloads`（或其他推荐默认设置）。

- 网络连接（Internet connection）：使用系统代理设置。

- 下载站点（Download site）：`http://cygwin.mirror.constant.com`（或任意其他可用选项）。

在完成这些步骤之后，会看到选择软件包的界面。这里，本书将选择 `vim`、`gvim` 和 `vim-doc` 软件包。较容易的方法是在搜索框中输入 `vim`，展开 **All|Editors** 类别，然后单击相应的软件包旁边的图标，如图 1.9 所示。

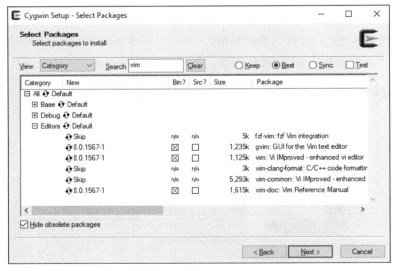

图 1.9

图 1.9 显示 Vim 版本为 8.0.1567-1。编写本书时，也就是 2018 年 11 月，这是 Cygwin 中唯一可用的版本。与 8.1 版本相比，8.0 版本主要缺少了 `:terminal` 命令（见第 5 章）。

读者可能还需要安装 Net 类别中的 curl，以及 Devel 类别中的 git，因为在第 3 章中会用到这两个工具。另外，安装 Utils 类别中的 dos2unix 也大有好处，此工具可将文本中 Windows 样式的换行符转换成 Linux 样式的换行符（使用 Vim 通常会遇到这个问题）。

然后，单击两次 **Next** 按钮，正式开始这些软件包的安装过程。安装过程会持续一段时间。

有时候，安装过程中会产生一些 post-install 脚本错误，大部分情况下可以安全地忽略（除非其中包含 Vim 相关的错误——这时可能就需要参考 Google 的意见：搜索错误消息中的文本，然后尝试找到解决方案）。

再接着单击 **Next** 按钮数次，即默认选择如下选项。

● 在桌面上创建图标。

● 在开始菜单中添加图标。

现在已经成功安装了 Cygwin 和 Cygwin 中的 Vim。

如果读者还需要在 Cygwin 中安装其他软件包，则只需要再次打开安装包可执行文件，然后选择需要的软件包。

（2）使用 Cygwin

Cygwin 的应用程序可能叫作 Cygwin64 Terminal 或 Cygwin Termianl，这取决于操作系统的类型。找到其图标，如图 1.10 所示。

打开它，可以看到如图 1.11 所示的命令行提示界面，Linux 用户应该相当熟悉了。

Cygwin 支持本书中用到的所有 UNIX 样式的 Shell 命令行。如果部分命令行需要修改才能用于 Cygwin，本书也会特别说明。但是目前，只需要简单地打开 Vim 使用即可，直到第 2 章都不会有任何问题。在命令行提示符中输入 vim，按 Enter 键启动 Vim，界面如图 1.12 所示。

图 1.10

Cygwin 是在 Windows 环境下体验 Linux 系统 Shell 命令的一种方式，这意味着，一旦在阅读本书时选择使用 Cygwin，就需要遵循 Linux 系统中的指令和约定。同时，还需要注意 Windows 样式的换行符和 Linux 样式的换行符，因为 Windows 和 Linux 处理换行的方式不同。如果在 Vim 中遇到^M 字符无法识别，则对相应的文件执行 dos2unix 命令就可以解决。

图 1.11

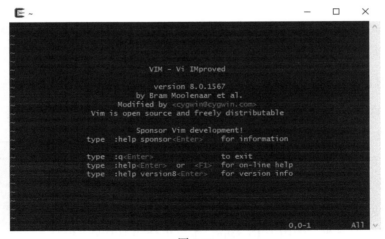

图 1.12

1.3.4　可视化的 Vim：gVim

通过对比命令行 Vim 和 gVim，本节将详细介绍 Vim 的图形化版本 gVim。

与 Windows 系统中其他程序的安装过程相比，gVim 的安装过程要更图形化一些。

在浏览器中打开 Vim 网站,下载一个可执行的安装包。编写本书时(2018 年 11 月),这个二进制文件名为 gvim81.exe,其中的 81 代表版本 8.1。打开这个可执行文件,会弹出如图 1.13 所示的提示框。

单击 Yes 按钮,然后单击 I Agree 按钮,直到出现 Installation Options 界面。大部分默认设置是满足本书需求的,如果需要在命令行中使用 Vim,可以通过启用 Create .bat files for command line use 选项来实现。这个选项让读者可以在 Windows 命令提示符中使用 vim。本书中的一些例子需要用到命令提示符,因此启用这个选项对于接下来的阅读是有帮助的。

图 1.14 所示为 Installation Options 界面的截屏,注意,图中已经启用了所有选项。

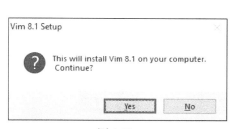

图 1.13

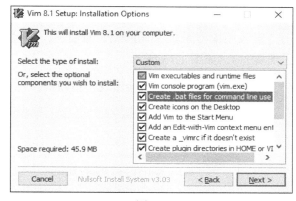

图 1.14

单击 Next 按钮,设置如下选项。

- 选择安装类型(Select the type of install):典型(Typical),(启用 Create .bat files for command line use 选项之后,安装类型会自动变成 Custom)。

- 不针对 Windows 行为重新映射按键(Do not remap keys for Windows behavior)。

- 右键打开菜单,左键开始可视模式(Right button has a popup menu, left button starts visual mode)。

- 安装路径(Destination Folder): C:\Program Files (x86)\Vim(或其他推荐的默认值)。

完成这些选项的设置之后,单击 Install 按钮,然后单击 Close 按钮,如图 1.15 所示。

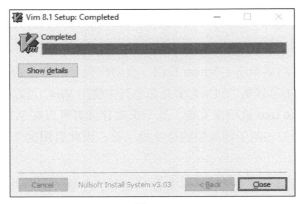

图 1.15

安装结束时系统会询问是否查看 README 文件，单击 **No** 按钮即可(谁会现在就看手册呢？)，如图 1.16 所示。

安装完成后，桌面上会出现一些新的图标，如图 1.17 所示。

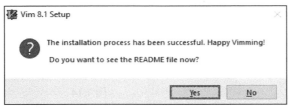

图 1.16

图 1.17

双击此图标，Vim 就打开了！

1.3.5　安装结果的验证和故障排除

不管在哪个平台上安装 Vim，最好先确认一下 Vim 的相关功能是否都已经启用。在命令行中，执行如下命令。

```
$ vim --version
```

可以看到如图 1.18 所示的输出结果，它列出了一系列功能，每项功能前面都有加号（＋）或减号（－）。

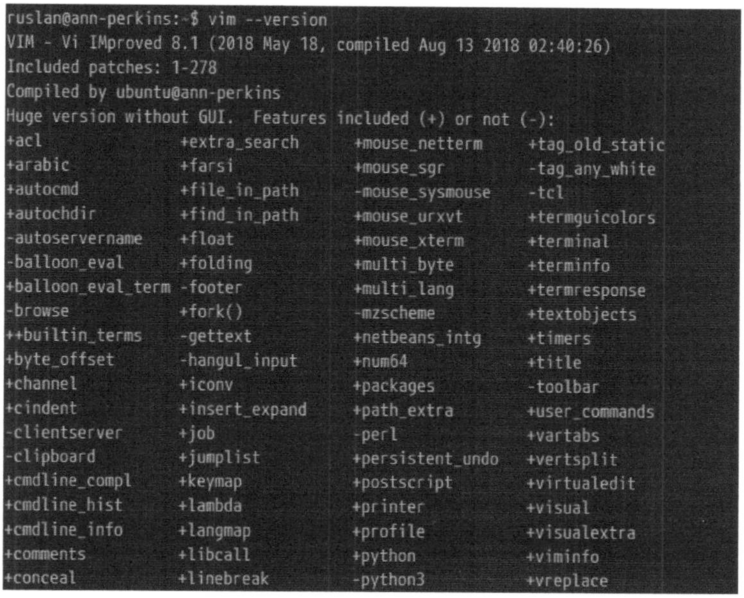

```
ruslan@ann-perkins:~$ vim --version
VIM - Vi IMproved 8.1 (2018 May 18, compiled Aug 13 2018 02:40:26)
Included patches: 1-278
Compiled by ubuntu@ann-perkins
Huge version without GUI.  Features included (+) or not (-):
+acl               +extra_search      +mouse_netterm     +tag_old_static
+arabic            +farsi             +mouse_sgr         -tag_any_white
+autocmd           +file_in_path      -mouse_sysmouse    -tcl
+autochdir         +find_in_path      +mouse_urxvt       +termguicolors
-autoservername    +float             +mouse_xterm       +terminal
-balloon_eval      +folding           +multi_byte        +terminfo
+balloon_eval_term -footer            +multi_lang        +termresponse
-browse            +fork()            -mzscheme          +textobjects
++builtin_terms    -gettext           +netbeans_intg     +timers
+byte_offset       -hangul_input      +num64             +title
+channel           +iconv             +packages          -toolbar
+cindent           +insert_expand     +path_extra        +user_commands
-clientserver      +job               -perl              +vartabs
-clipboard         +jumplist          +persistent_undo   +vertsplit
+cmdline_compl     +keymap            +postscript        +virtualedit
+cmdline_hist      +lambda            +printer           +visual
+cmdline_info      +langmap           +profile           +visualextra
+comments          +libcall           +python            +viminfo
+conceal           +linebreak         -python3           +vreplace
```

图 1.18

这里，加号（+）表示功能启用，减号（-）表示功能未启用。图 1.18 中的 Vim 支持 Python 2（`+python`），而不支持 Python 3（`-python3`）。要想解决这个问题，可以重新编译 Vim 并启用`+python3`，或者寻找一个支持 Python 3 的 Vim 发布版本。

> Vim 可以支持的所有功能列表参见`:help feature-list`。

在 Linux 系统中重新编译一个支持 Python 3 的 Vim 8.1，可以执行如下命令。

```
$ git clone https://github.com/vim/vim.git
$ cd vim/src
$ ./configure --with-features=huge --enable-python3interp
$ make
$ sudo make install
```

> 传入`--with-features=huge`编译选项，是为了启用 Vim 的大部分功能。不过，`--with-features=huge`并不涉及语言的绑定，因此需要显式地启用 Python 3。

一般而言，如果读者感觉自己的 Vim 不像其他 Vim 那样运行（包括本书中描述的行为），那么有可能是因为缺失了某个 Vim 功能。这和读者的计算机操作系统以及特定的功能有关，因而安装过程可能或多或少会有不同。通过在网上搜索 Install Vim <version> with +<feature> on <operating system>可能会有所帮助。

1.4　命令行 Vim 和 gVim

通过前面介绍的指令，读者应该已经安装了两种 Vim——命令行 Vim 和 gVim。Windows 系统下的 gVim 如图 1.19 所示。

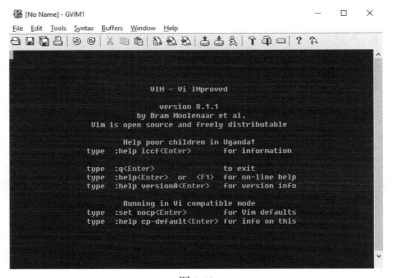

图 1.19

gVim 实际上是为 Vim 绑定了一个图形用户界面（GUI），它具有更好的鼠标支持，还有更多上下文菜单。与终端模拟器相比，它还支持更多的配色，并具备一些现代图形用户界面应有的优质功能。在 Windows 系统中，读者可以通过打开桌面图标 gVim 8.1 来启动 gVim，而在 Linux 和 macOS 系统中，可通过如下命令行启动。

```
$ gvim
```

Windows 用户可能会更青睐于 gVim。不过，由于本书更关注于文本编辑技巧中的效率方面，因此会避免涉及 gVim 菜单，虽然它们也很直观，但会影响用户专注于自己的工作流程。本书会更关注 Vim 的非图形界面版本，但这些内容同样适用于 gVim。这两个版本的 Vim 共享配置文件，相互之间切换使用完全没有问题。

总体来说，gVim 对新手更友好一些。

1.5 通过 **.vimrc** 文件来配置 Vim

Vim 从一个名为.vimrc 的文件中读取配置信息。Vim 安装好后就可以使用，但是有些选项会使程序编码更容易。

 在类 UNIX 系统中，以句点.开头的文件为隐藏文件。为了看到这些文件，可以运行 ls -a 命令行。

在 Linux 和 macOS 系统中，.vimrc 位于用户根目录中（完整路径为/home/<用户名>/.vimrc）。读者也可以打开一个命令行终端，并通过如下命令进入终端。

```
$ echo $HOME
```

Windows 系统不允许文件名中出现句点，因此配置文件的名称为_vimrc，其路径通常为 C:\Users\<用户名>_vimrc。读者也可以通过命令提示符中的如下命令找到其所在的目录。

```
$ echo %USERPROFILE%
```

 如果遇到了问题，可以打开 Vim，输入:echo $MYVIMRC，然后按 Enter 键。Vim 会显示它正在使用的.vimrc 的路径。

找到操作系统存储 Vim 配置文件的目录，然后将准备好的配置文件放入其中。读者也可以从本书的官方 GitHub 仓库中找到本章涉及的.vimrc。下列代码为本章中使用的.vimrc 文件的内容。

```
syntax on                      " 支持语法高亮显示
filetype plugin indent on " 启用根据文件类型自动缩进

set autoindent                 " 开始新行时处理缩进
set expandtab                  " 将制表符 Tab 展开为空格，这对于 Python 尤其有用
set tabstop=4                  " 要计算的空格数
set shiftwidth=4              " 用于自动缩进的空格数

set backspace=2              " 在多数终端上修正退格键 Backspace 的行为

colorscheme murphy           " 修改配色
```

上面的代码中，双引号开头的内容为注释，会被 Vim 忽略。这些设置还是比较合理的，比如语法高亮和一致的缩进。它同时还解决了不同环境中退格键可能出现不同行为的问题。

当编写 Vim 配置文件时，可以先尝试相应的设置，然后再写到 .vimrc 文件中去。操作过程为先输入冒号，然后输入相应的命令，再按 Enter 键即可。比如 :set autoindent（按 Enter 键执行）。如果想知道某种设置当前的值，可以在命令后面加上问号，比如执行 :set tabstop? 命令会显示出当前的 tabstop 的值。

此例中还修改了配色，让屏幕显示效果更好一些，但这并不是必需的。

Vim 8 自带如下主题配色。
blue、darkblue、default、delek、desert、elflord、evening、industry、koehler、morning、murhpy、pablo、peachpuff、ron、shine、slate、torte、zellner。读者可以尝试其中一种配色主题，方法是输入 :colorscheme<name>，然后按 Enter 键；也可以在所有可用的配色主题之间循环切换，方法是输入 :colorscheme，然后输入一个空格，并多次按 Tab 键。第 7 章中有更多关于 Vim 的配置和配色的介绍，届时读者可以拥有完全属于自己的 Vim。

1.6　常用操作（特别是如何退出 Vim）

图 1.20 所示为一位 Vim 用户在 Twitter 上发布的帖子：我已经使用 Vim 两年了，主要原因是我不知道怎么退出来。

图 1.20

现在，本书将介绍如何在不使用鼠标或菜单的情况下与 Vim 进行交互。编程本身是一种要求精力高度集中的任务，没有人会愿意一直单击菜单，让双手一直保持在键盘中心位置也有助于避免在鼠标和键盘之间频繁切换。

1.6.1　打开文件

首先，请读者打开自己最喜欢的命令行终端（Linux 和 macOS 系统中是终端，Windows系统中为 Cygwin），跟随下面的步骤来编写一个非常基础的 Python 程序。

先从一个简单的开平方根计算器开始，运行如下命令。

```
$ vim animal_farm.py
```

 如果读者使用 gVim，那么可以在 File 菜单中单击 Open 选项，然后打开一个文件。有时候，读者可能确实需要一个图形界面。

这会打开一个名为 animal_farm.py 的文件。如果此文件存在，则读者会看到它的内容；如果文件不存在，则得到一个空白界面，如图 1.21 所示。

图 1.21

在图 1.21 中，Vim 的底部状态中显示了文件名，旁边还有[New File]字样，表示这是一个新文件。现在读者已经用 Vim 打开了第一个文件。

Vim 的状态栏通常会包含很多有用的信息，它是 Vim 与用户交流的主要途径，因此需要保持对状态栏中的消息的关注。

如果之前已经打开过 Vim，则可以用如下命令加载一个文件（别忘了命令后面要按 Enter 键）。

```
:e animal_farm.py
```

这有可能是读者在 Vim 中运行的第一条命令。输入冒号字符 : 表示进入命令行模式，在此模式下输入的文字会被 Vim 解析为命令。按 Enter 键可以结束命令，通过 Vim 命令可以执行很多复杂的操作，包括访问系统的命令行。命令 :e 表示编辑（edit）。

 Vim 的帮助文档中通常将 Enter 键记为回车（carriage return）的意思。

1.6.2　修改文字

默认情况下，Vim 处于正常模式（normal mode），即每个键都对应于某个命令。输入命令 i 将使 Vim 进入插入模式（insert mode）。它会在底部的状态栏中显示 -- INSERT -- 字样（如果读者使用的是 gVim，则光标由块状变为竖线状），如图 1.22 所示。

图 1.22

插入模式下的行为和在其他无模式编辑器中相似。正常情况下，除添加新文本之外，本书不会花太多篇幅介绍插入模式。

 本书中已经涉及了 3 种 Vim 模式：命令行模式、正常模式和插入模式。本书还会介绍很多模式，详情参见第 3 章。

现在输入如图 1.23 所示的代码，这就是之前提到的 Python 程序。本章将反复使用这几行代码。

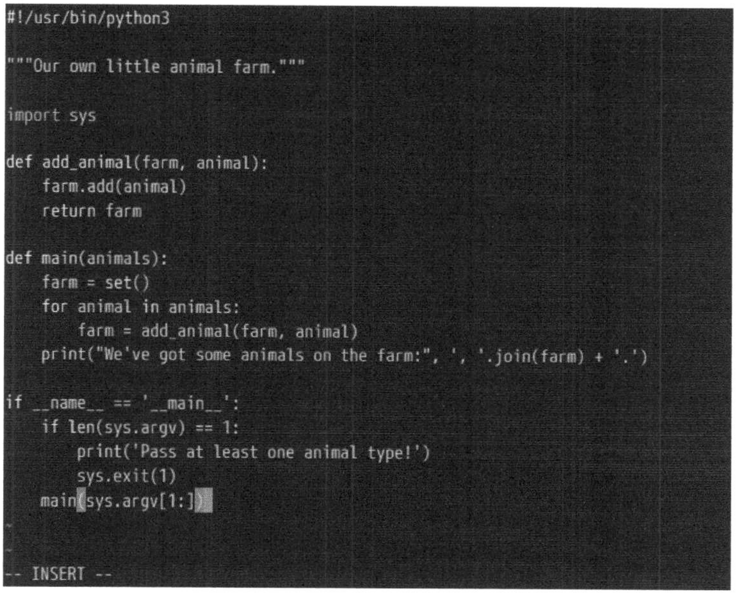

```python
#!/usr/bin/python3

"""Our own little animal farm."""

import sys

def add_animal(farm, animal):
    farm.add(animal)
    return farm

def main(animals):
    farm = set()
    for animal in animals:
        farm = add_animal(farm, animal)
    print("We've got some animals on the farm:", ', '.join(farm) + '.')

if __name__ == '__main__':
    if len(sys.argv) == 1:
        print('Pass at least one animal type!')
        sys.exit(1)
    main(sys.argv[1:])

-- INSERT --
```

图 1.23

按下 Esc 键可以返回到 Vim 的正常模式。这时，状态栏上的-- INSERT --字样消失，可以继续在 Vim 中输入命令。

 上述代码并不是 Python 编程的最佳实践，这里只是用它来展示 Vim 的一些功能。

1.6.3 保存和关闭文件

保存文件可执行:w 命令。

注意，在输入命令后按下 Enter 键。

:w 表示写（write）的意思。

:w 命令后面也可以接一个文件名，并另存为新文件。修改后的内容会保存到这个新文件中，当前文件也变成了这个新文件。尝试执行命令:w animal_farm2.py。

退出 Vim，并检查一下文件是否已经生成。命令:q 表示退出（quit）的意思。也可以将写和退出这两个命令组合为:wq，表示先保存后退出。

如果修改了文件，但是不想保存而直接退出 Vim，可以用命令:q!强制退出 Vim。命令后面的感叹号表示强制执行。

Vim 的许多命令都有长短两个版本。比如:e、:w 和:q 分别是:edit、:write 和:quit 的短版本。在 Vim 手册中，命令的可选部分通常置于一对中括号中，比如:w[rite]和:e[dit]。

退出 Vim 之后又回到了系统的命令行，可以检查一下当前目录中的内容是否发生了变化，如下列命令所示。

```
$ ls
$ python3 animal_farm.py
$ python3 animal_farm.py cat dog sheep
```

在 UNIX 中，ls 表示列出当前目录的内容。python3 animal_farm.py 表示用 Python 3 解释器来执行这个脚本。python3 animal_farm.py cat dog sheep 表示执行此脚本，并传入（cat, dog, sheep）这 3 个参数。

图 1.24 中显示了这 3 条命令的输出结果。

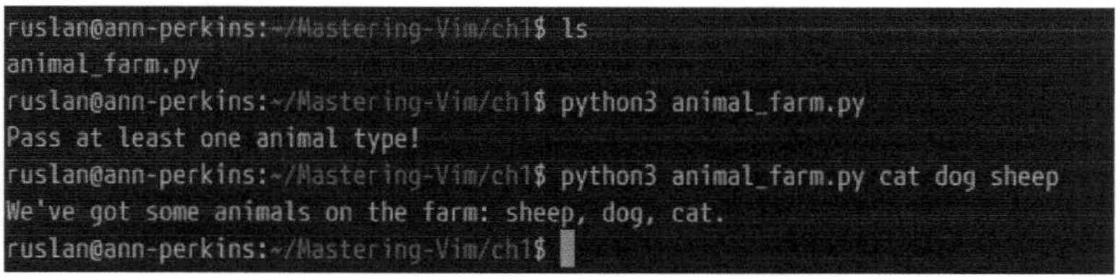

```
ruslan@ann-perkins:~/Mastering-Vim/ch1$ ls
animal_farm.py
ruslan@ann-perkins:~/Mastering-Vim/ch1$ python3 animal_farm.py
Pass at least one animal type!
ruslan@ann-perkins:~/Mastering-Vim/ch1$ python3 animal_farm.py cat dog sheep
We've got some animals on the farm: sheep, dog, cat.
ruslan@ann-perkins:~/Mastering-Vim/ch1$
```

图 1.24

1.6.4　关于交换文件

默认情况下，Vim 用交换文件跟踪文件的变化情况。当用户编辑文件的时候，Vim会自动产生交换文件。交换文件的作用是恢复文件内容，以防止用户的 Vim、SSH 会话或系统崩溃。一旦出现上述问题，或者由于其他失误意外地退出 Vim，再次用 Vim 打开同一个文件时，就会看到如图 1.25 所示的画面。

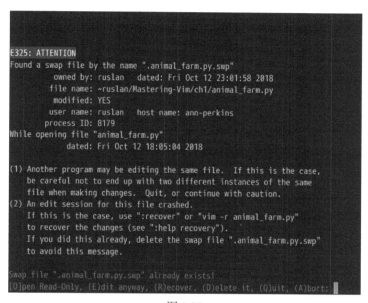

图 1.25

这时，可以输入 r 从交换文件中恢复文件，或者输入 d 直接忽略交换文件。如果读者决定从交换文件中恢复，为了避免下次打开此文件时再次出现这个提示，可以输入 d 删除交换文件。

默认情况下，Vim 会在原始文件所在的目录下生成类似于<filename>.swp或.<filename>.swp 的文件。为避免这些交换文件污染文件系统，可以修改这个默认行为，使 Vim 将所有交换文件都统一存放在同一个目录中。要实现这个设置，可以在.vimrc 文件中加入如下内容。

```
set directory=$HOME/.vim/swap//
```

如果使用 Windows 系统，设置命令为 set directory=%USERDATA%\.vim\swap//（注意最后两个斜线的方向）。

或者，也可以选择完全禁止交换文件，在 .vimrc 中加入 set noswapfile 即可。

1.6.5　随意移动：与编辑器对话

Vim 中的光标移动方式比大部分传统编辑器都要更便捷高效一些。本节只介绍基本的操作。

在 Vim 中可以用方向键或字母 h、j、k、l 来逐个字符地移动光标，这是效率最低，但也是最精确的移动方式，如表 1.2 所示。

表 1.2

按　　键	替　代　键	行　　为
h	向左箭头键	向左移动光标
j	向下箭头键	向下移动光标
k	向上箭头键	向上移动光标
l	向右箭头键	向右移动光标

这几个字母不是随意选的，从图 1.26 中可以发现它们在方位上的对应关系。

Vi（Vim 的前身）是从 ADM-3A 终端机上创造出来的，如图 1.27 所示，这台机器并没有方向键，因而 h、j、k、l 被选择用来表示方向。

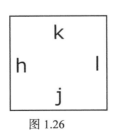

图 1.26　　　　　　　　　　　　　　　图 1.27

图 1.27 中由 Chris Jacobs 提供，来自于维基百科（CC BY-SA 3.0）。

习惯用 hjkl 来移动光标有很多好处：双手就可以集中于键盘中央，从而使用户更专注于工作流程。此外，许多应用也将 hjkl 用作方向键，也许数目多到让人惊讶。

现在，读者可能已经倾向于多次敲击这些方向键到达目标位置了，但是还有更好的方式。在每一个命令之前可以加一个数字，表示重复这条命令的次数。比如，敲击 5j 会让光标下移 5 次，而 14l 会让光标右移 14 个字符。这条规则适用于本书提到的大多数命令。

但是，精确计算到底要移动多少次往往是比较麻烦的（没人会愿意这么做），因此，还有一种方式是逐个词语移动光标。可以用 w 移动到下一个单词开头，用 e 移动到最近的单词的结尾。如果想反向移动到单词的开头，可以按 b 键。

在 Vim 中还可以使用这些命令的大写版本，表示将除空格外的所有字符视为单词的一部分！这两套命令可让读者以两种不同的方式浏览文本。

 Vim 中有两种单词对象：狭义单词（word）和广义单词（WORD）。在 Vim 的世界里，狭义单词指的是由空白字符（比如空格、制表符或换行符）分隔的字母、数字和下划线组成的序列，广义单词则是由空格分隔的任何非空字符组成的序列。

比如前面的示例中的某一行代码，如图 1.28 所示。

 注意光标位置，它覆盖了 add_animal 的首字符。

输入 w，光标会停在 add_animal 的首字符上，而 W 则会跳到 animal 的首字符上。大写的 W、E 和 B 将以空格分隔的非空字符序列视为单词，如表 1.3 所示。

图 1.28 的图注说明（图片）：

表 1.3

按　键	行　为
w	逐个狭义单词移动
e	向前移动直到最近狭义单词的结尾
W	逐个广义单词移动

按　键	行　为
E	向前移动直到最近广义单词的结尾
b	向后移动到狭义单词开头
B	向后移动到广义单词开头

表 1.4 则为每个命令的具体表现。

表 1.4

按键	初始光标位置	光标最终位置
w	`farm = add_animal(farm, animal)`	`farm = add_animal(farm, animal)`
e	`farm = add_animal(farm, animal)`	`farm = add_animal(farm, animal)`
b	`farm = add_animal(farm, animal)`	`farm = add_animal(farm, animal)`
W	`farm = add_animal(farm, animal)`	`farm = add_animal(farm, animal)`
E	`farm = add_animal(farm, animal)`	`farm = add_animal(farm, animal)`
B	`farm = add_animal(farm, animal)`	`farm = add_animal(farm, animal)`

将这些命令与之前的方向命令结合起来，可以用更少的输入实现更快的移动。

另外，按照段落移动也是很有用的。任意两个空行之间的文字被视为段落，这也意味着每个代码块可视为一个段落，如图 1.29 中所示。

```
def add_animal(farm, animal):
    farm.add(animal)
    return farm

def main(animals):
    farm = set()
    for animal in animals:
        farm = add_animal(farm, animal)
    print("We've got some animals on the farm:", ', '.join(farm) + '.')
```

图 1.29

函数 add_animal 和 main 为两个不同的段落。在段落间向前移动的命令是结束大括号 }，向后移动的命令是开始大括号 {，如表 1.5 所示。

表 1.5

命　　令	行　　为
{	向后移动一个段落
}	向前移动一个段落

在这些命令前面也可以加数字，这样，即使需要跳过多个段落，也可以一步到位。

移动光标还有其他方式，上述只是一些重要的基础知识。第 2 章中会介绍更复杂的浏览方式。

1.6.6　插入模式下的简单编辑

使用 Vim 的时候，通常希望在插入模式下花费尽可能少的时间（除非只负责写而不编辑）。因为大部分文本操作涉及编辑，所以本节将关注于这一部分。

前面已经提到过，进入插入模式的命令为 i。除此之外，还有其他方式可以进入插入模式。很多时候，需要对一部分文字进行替换，实现这个功能的方式是**修改命令** c。通过**修改命令**读者可以在删除一部分文字后立刻进入插入模式。**修改命令**是一个复合命令，即它后面必须指定其他命令，用于告诉 Vim 修改哪一部分。读者可以将**修改命令**与前面介绍过的任何移动命令组合起来使用，可参考表 1.6 中的示例。

表 1.6

命　　令	执　行　前	执　行　后
cw	`farm = add_animal(farm, animal)`	`farm = add_animal(, animal)`
c3e（逗号视为一个词）	`farm = add_animal(farm, animal)`	`farm = add_animal(fa)`
cb	`farm = add_animal(farm, animal)`	`farm = add_animal(farm, al)`
c4l	`farm = add_animal(farm, animal)`	`farm = add_animal(farm, al)`
cW	`farm = add_animal(farm, animal)`	`farm = add_animal(farm, `

 其中有一个奇怪的例外，cw 和 ce 的行为类似，这是 Vim 的前身 Vi 的历史遗留问题。

在掌握了更复杂的移动命令之后，也可以将它们与修改命令组合起来，实现快速的无缝编辑。本书后续还会介绍一些 Vim 插件，它们会重新实现修改命令，从而支持更强大的编辑功能，比如修改括号里的文字或直接替换引号类型。

所有这些例子都遵循<命令> <数字> <移动或一个文本对象>这样的语法结构，可以将数字放在命令之前或之后。

若想将 farm = add_animal(farm, animal) 修改为 farm = add_animal(farm, creature)，可以依次执行表 1.7 中列出的命令。

表 1.7

代　码　行	行　　为
farm = add_animal(farm, animal)	将光标置于行首
farm = add_animal(farm, animal)	按 3W 让光标跳过广义单词到达 animal 的首字母
farm = add_animal(farm,)	按 cw 删除单词 animal，然后立刻进入插入模式
farm = add_animal(farm, creature)	输入 creature
farm = add_animal(farm, creature)	按 Esc 键回到正常模式

不过，有时候用户可能只想删除文字，而不想插入任何东西，命令 d 可以实现这个功能。它表示删除（delete）的意思，其行为类似于 c，只不过这时候的 w 和 e 的行为会标准得多，如表 1.8 所示。

表 1.8

命　　令	执　行　之　前	执　行　之　后
dw	farm = add_animal(farm, animal)	farm = add_animal(, animal)
d3e（逗号算一个单词）	farm = add_animal(farm, animal)	farm = add_animal(fa)
db	farm = add_animal(farm, animal)	farm = add_animal(farm, al)
d4l	farm = add_animal(farm, animal)	farm = add_animal(farm, al)
dW	farm = add_animal(farm, animal)	farm = add_animal(farm,

还有两个更好的快捷命令用于修改或删除一整行，如表 1.9 所示。

表 1.9

命令	行　　为
cc	清除整行，然后进入插入模式。保持当前的缩进水平，这在编程时很有用
dd	删除整行

比如，对于图 1.30 中的代码片断，通过 dd 命令，可以移除整行，并得到图 1.31 中的结果。

```
def main(animals):
    farm = set()
    for animal in animals:
        farm = add_animal(farm, animal)
    print("We've got some animals on the farm:", ', '.join(farm) + '.')
```

图 1.30

```
def main(animals):
    farm = set()
    for animal in animals:
    print("We've got some animals on the farm:", ', '.join(farm) + '.')
```

图 1.31

但如果使用 cc 命令删除该行，则会保留原来的缩进并进入插入模式，如图 1.32 所示。

```
def main(animals):
    farm = set()
    for animal in animals:

    print("We've got some animals on the farm:", ', '.join(farm) + '.')
```

图 1.32

如果读者在选择正确的光标移动命令时存在困难，也可以用可视（visual）模式来选择待修改的文本。按 v 键可进入可视模式，然后通过常用的光标移动命令调整选择的文本。一旦选择完毕，就可以运行相应的命令（如用 c 键来修改或用 d 键来删除）。

1.6.7　持久性的撤销和重复

和任何其他编辑器一样，Vim 也记录了每一步操作。按 u 键可以撤销最后一次操作，而 Ctrl + r 组合键则可以重做此操作。

欲了解关于 Vim 撤销树的更多内容（Vim 的撤销历史记录不是线性的！），以及如何浏览这些历史记录，请参考第 4 章。

Vim 还支持在不同会话之间持久保存撤销历史，从而允许撤销几天前的操作。

可以通过在 .vimrc 中进行如下设置来启用持久性撤销。

```
set undofile
```

不过，这会在系统中为每个被编辑过的文件保留一个撤销历史记录文件，显得有些混乱。也可以将这些文件保存在同一个目录中，配置如下所示。

```
" 为所有文件设置持久性撤销
set undofile
if !isdirectory("$HOME/.vim/undodir")
  call mkdir("$HOME/.vim/undodir", "p")
endif
set undodir="$HOME/.vim/undodir"
```

 对于 Windows 操作系统，将上述设置中的目录换成 %USERPROFILE%_vim。需要注意，Windows 下的配置文件是 _vimrc，而不是 .vimrc。

1.6.8　通过 `:help` 阅读 Vim 手册

Vim 提供了一个学习工具 :help 命令，其界面如图 1.33 所示。

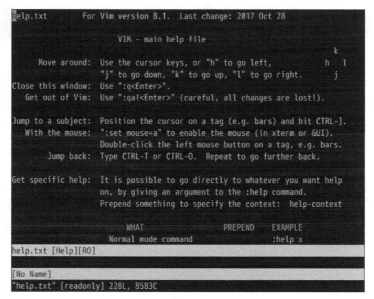

图 1.33

Vim 手册中附带了大量的资源和教程。通过翻页键（PageUp 和 PageDown）可以浏览手册的内容（注意，`Ctrl + b` 组合键和 `Ctrl + f` 组合键也能起到翻页的效果），信息极其丰富。

如果读者使用 Vim 时遇到问题，或者希望深入了解某个命令，可尝试使用`:help`（其缩略版为`:h`）来搜索这个命令。比如，读者可以搜索一下 `cc`。

`:h cc`

图 1.34 中的帮助信息显示了这条命令的运行方式，以及不同选项和设置是如何影响它的（如 autoindent 设置可保持缩进）。

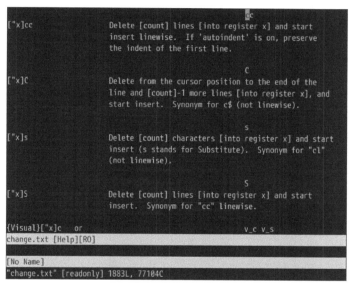

图 1.34

`:help` 命令可用于浏览所有这些帮助文件。在阅读帮助文件时会发现，某些词是高亮显示的。它们是标签，即可用于`:help` 命令的关键字。不过，不是每个标签名都很直观。如果想知道如何在 Vim 中搜索一个字符串，用户可能会尝试使用如下命令。

`:h search`

然而，输入这条命令后进入了表达式评估（expression evaluation）的页面，这并不是读者想要的，如图 1.35 所示。

为找到正确的词条，输入`:h search`（先不要按 Enter 键），然后按 `Ctrl + D` 组合键。这时会得到一个包含字符 `search` 的标签列表。其中一项为 `search-commands`，这正是读者需要的。接下来继续补充命令行。

```
:h search-commands
```

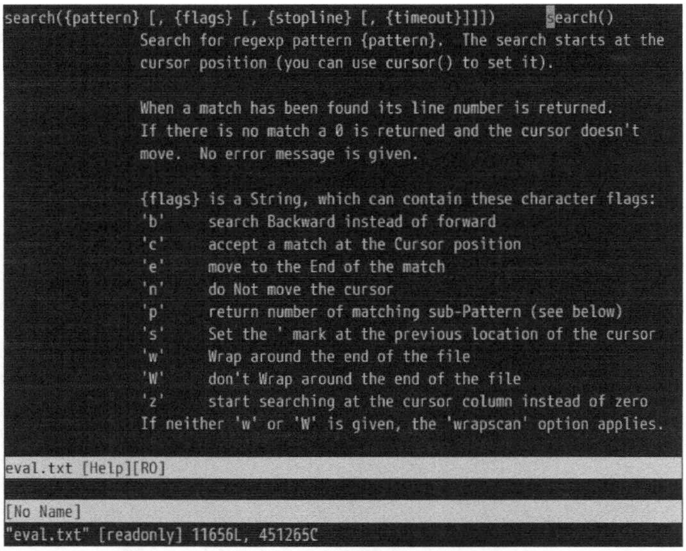

图 1.35

得到如图 1.36 所示的帮助页面，这正是预期的结果。

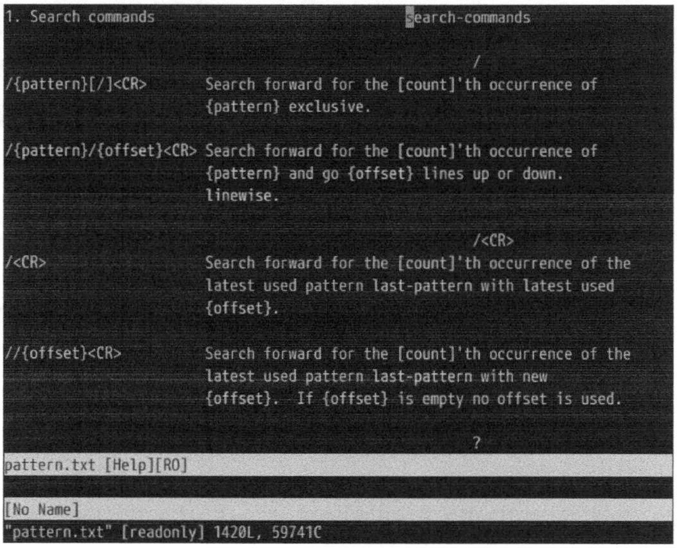

图 1.36

关于搜索功能，读者可以在帮助页面（或在 Vim 中打开的任何文件）中输入"/关键字"进行正向搜索，或输入"?关键字"进行反向搜索。欲了解更多关于搜索操作的内容，请参考第 2 章。

任何时候都不要忘记使用 Vim 的帮助系统，特别是有疑问或希望更好地理解 Vim 的行为时。

1.7　小结

原来的 Vi 版本是针对远程终端开发出来的，那时的带宽和网速都有限。但正是这些限制使 Vi 的文本编辑流程变得高效而专业，从而演变为如今的 Vim（改进版 Vi，Vi Improved）的核心。

本章介绍了如何在主流平台上安装和更新 Vim，以及它的图形界面版本 gVim（介绍了太多方法，有些可能根本就不需要）。

然后介绍了如何通过修改 .vimrc 文件来配置 Vim，这个过程在今后可能会反复进行，因为读者需要根据自己的需求定制这个编辑器。

另外，还介绍了处理文件、在 Vim 中移动光标和修改内容等基本操作。Vim 中的文本对象的概念（字母、单词和段落）和复合命令（如 d2w 会删除两个单词）可以帮助读者做出精确的文本操作。

如果读者能从本章中学会一件事，那一定是 :help。Vim 内置的帮助系统极其详细，它几乎可以回答所有关于 Vim 的问题。

第 2 章会进一步深入 Vim，介绍如何浏览多个文件，届时读者应该能够更好地编辑文本。

第 2 章
高级编辑和文本浏览

通过阅读本章，读者将能更加得心应手地在日常任务中使用 Vim。本章使用一个 Python 工程作为示例，模拟了一系列日常编码的场景。当然，读者完全可以拿自己手头的项目练手；只不过，本章中的使用场景不一定都适用于读者自己的代码。

本章包括如下主题。

- 介绍一种粗暴但快捷的 Vim 插件安装方式。

- 介绍如何使用缓冲区、窗口、标签页和折叠来处理多个文件或长文件，从而使工作区更为整洁。

- 介绍插件 Netrw、NERDTree、Vinegar 和 CtrlP，通过这些插件，读者可以在不退出 Vim 的情况下浏览复杂的文件树。

- 介绍文件中的高级文本浏览方式、极其高效的光标移动插件 EasyMotion 以及多种文本对象，介绍通过 grep 和 ack 实现跨文件的搜索。

- 介绍如何利用寄存器来复制和粘贴。

2.1 技术要求

本章将介绍如何用 Vim 在一个 Python 工程上作业。读者可以在异步社区中找到本章用到的代码。

2.2　安装插件

本章会介绍几个 Vim 插件，但暂时不会涉及较为复杂的插件管理，相关的内容参见第 3 章。

首先，读者必须要做好准备工作。

1. 创建一个存储插件的目录，执行下列命令。

```
$ mkdir -p ~/.vim/pack/plugins/start
```

 如果在 Windows 系统中使用 gVim，则需要在用户目录（通常是 C:\Users\ <用户名>）下创建 vimfiles 目录，然后在其中创建子目录 pack\plugins\ start。

2. 使 Vim 能够自动加载每个插件的文档（Vim 默认不会这么做）。在 ~/.vimrc 文件（在 Windows 系统中为用户目录下的_vimrc 文件）中添加下列代码。

```
packloadall              " 加载所有插件
silent! helptags ALL     " 为所有插件加载帮助文档
```

然后，每次安装插件都可按照下列步骤进行。

1. 在 GitHub 上找到想要安装的插件。比如，读者想安装 scrooloose/nerdtree（注意，这里的 scrooloose/nerdtree 为该 GitHub 仓库的唯一标识，实际地址为 https://github.com/scrooloose/nerdtree.git）。假设读者已经安装了 Git，则可以找到此 Git 仓库的克隆地址，然后运行如下命令。

```
$ git clone https://github.com/scrooloose/nerdtree.git
~/.vim/pack/plugins/start/nerdtree
```

 如果读者没有安装 Git，或者在 Windows 系统中使用 gVim，则可以在 GitHub 页面上找到**克隆或下载（Clone or download）**按钮，下载 ZIP 压缩包，然后将其解压到相应的插件目录中，比如在 Linux 系统中为目录 ~/.vim/pack/ plugins/start/nerdtree，而在 Windows 系统中为用户目录下的子目录 vimfiles/pack/plugins/start/nerdtree。

2. 重启 Vim 之后，即可使用插件进行相关操作。

2.3　组织工作区

到目前为止，本书还只是用 Vim 处理单个文件。但是在编写程序时，经常需要同时处理多个文件，涉及来回切换、跨文件编辑或到其他界面查询资料等操作。幸运的是，Vim 提供了一个能够处理多个文件的插件。

- Vim 内部用缓冲区来表示文件；通过缓冲区，读者可以在不同文件之间快速切换。
- Vim 用多个窗口在同一屏幕中显示多个文件。
- Vim 用标签页对窗口进行分组。
- Vim 用折叠效果来隐藏或展开一个文件的部分内容，从而让读者可以更容易地浏览文件的内容。

图 2.1 中展示了上述要点，解释如下。

- 多个窗口用于同时打开多个文件（farm.py、animal/cat.py 和 animal_farm.py）。
- 顶部显示有两个标签页（3 farm.py 和 a/dog.py）。

图 2.1

- 以+--开头的行表示折叠，它隐藏了文件的部分内容。

本节将详细介绍窗口、标签页和折叠，通过这些功能，读者可以在工作中同时处理任意多个文件。

2.3.1　缓冲区

缓冲区是文件的内部表示，每个打开的文件都有一个缓冲区。比如，通过命令行 vim animal_farm.py 打开一个文件，然后可以用:ls 命令看到现有的缓冲区列表。

 很多命令都有别名或等价命令，:ls 也不例外，它和:buffers 及:files 实现的是同样的功能，读者可以从中选择一个最容易记的命令。

图 2.2 所示为 ls 命令的执行结果（最下面的那 3 行）。

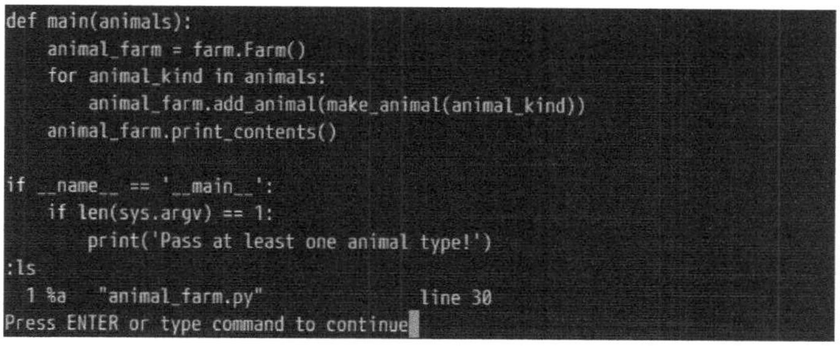

```
def main(animals):
    animal_farm = farm.Farm()
    for animal_kind in animals:
        animal_farm.add_animal(make_animal(animal_kind))
    animal_farm.print_contents()

if __name__ == '__main__':
    if len(sys.argv) == 1:
        print('Pass at least one animal type!')
:ls
  1 %a   "animal_farm.py"                line 30
Press ENTER or type command to continue
```

图 2.2

图 2.2 中的状态栏显示了已经打开的缓冲区（这里只有一个）的相关信息，这些信息的含义如下。

- 1 为缓冲区编号，在整个 Vim 会话中，它的值保持不变。
- % 表示该缓冲区位于当前窗口中。
- a 表示该缓冲区处于活动状态，即它已被加载并可见。
- "animal_farm.py"为文件名。
- line 30 表示当前光标位置。

现在，用下列命令打开另一个文件。

```
:e animals/cat.py
```

然后，可以看到之前打开的文件已经被当前文件所取代。不过，`animal_farm.py` 仍然存储在某个缓冲区中，读者可以再次用 :ls 命令将其显示出来。

现在，可以看到两个文件名都被列出来了，如图 2.3 所示。

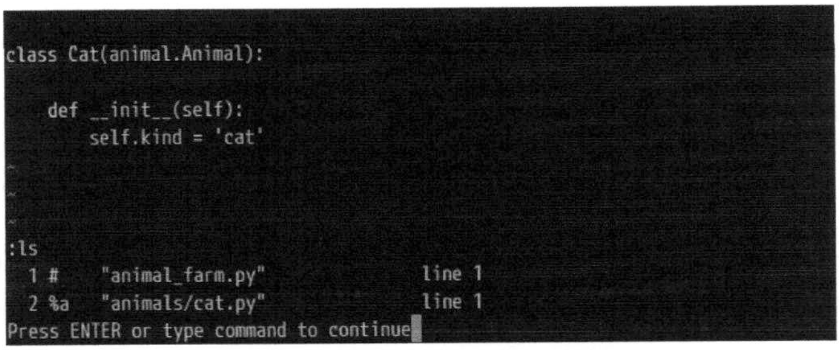

图 2.3

那么怎样才能跳转到之前的文件呢？

Vim 通过数字和名称来标识每个缓冲区，在同一个 Vim 会话中，它们都是唯一的（除非退出 Vim）。为了在不同的缓冲区之间切换，可使用 :b 命令，其参数为缓冲区的编号数字。

:b 1

:b 1 命令中的空格可以省略，得到简化版的命令 :b1。

通过一条很简单的命令就可以回到原来的文件。由于缓冲区还可以用文件名来标识，因此读者可以用文件名的一部分来切换缓冲区。下列命令将打开 animals/cat.py 的缓冲区。

:b cat

不过，如果名称匹配了多个缓冲区，则 Vim 会报错。比如，用下面的命令查找所有文件名包含 py 的缓冲区。

:b py

Vim 的状态栏中会显示错误，如图 2.4 所示。

图 2.4

为解决这个问题，可以使用 Tab 键补全文件名，从而实现在不同缓冲区之间循环切换。输入:b py（先不要按 Enter 键），然后按 Tab 键，在所有匹配的结果之间循环遍历。

读者也可以使用:bn（:bnext）和:bp（:bprevious）命令循环遍历缓冲区。

当不再需要某缓冲区的时候（如不再需要编辑该文件），可以将其删除。通过如下命令可以将一个缓冲区从打开的缓冲区列表中删除，而无须退出 Vim。

:bd

但如果没有保存当前缓冲区，则 Vim 会报错。因此，在不小心删除缓冲区之前，读者还有一次保存文件的机会。

2.3.2 插件——unimpaired

Tim Pope 的 vim-unimpaired 是一个 Vim 插件,它为很多内置命令(以及一些新的命令)添加映射。本书作者每天都会使用这个插件，因为它提供了更为直观的映射，比如]b 和[b 用于循环遍历缓冲区，]f 和[f 用于遍历目录中的文件。该插件可以在 GitHub 仓库 tpope/vim-unimpaired 中找到（安装方法参见本章2.2 节）。

下面是 vim-unimpaired 提供的部分映射。

●]b 和[b 循环遍历缓冲区。

●]f 和[f 循环遍历同一目录中的文件，并打开为当前缓冲区。

●]l 和[l 遍历位置列表（参见第 5 章）。

●]q 和[q 遍历快速修复列表（参见第 5 章）。

●]t 和[t 遍历标签列表（参见第 4 章）。

此插件还支持用少数几次按键来切换某些选项，比如 yos 切换拼写检查，或 yoc 切换光标行高亮显示。更多功能参见:help unimpaired 中 vim-unimpaired 所提供的完整映射和功能清单。

2.3.3 窗口

Vim 将缓冲区加载到窗口中。一个屏幕上可以同时显示多个窗口，它们将屏幕分割成几块。

1．窗口的创建、删除和跳转

本节将介绍 Vim 窗口的使用方式。首先，打开 animal_farm.py 文件（在命令行中执行 $ vim animal_farm.py 或从 Vim 中执行 :e animal_farm.py）。

然后，使用如下命令将窗口分割成两个，其中一个显示新的文件。

```
:split animals/cat.py
```

 :split 命令可以简化为 :sp。

可以看到 animals/cat.py 被打开，显示在原文件上方的窗口中，而且光标也出现在里面，如图 2.5 所示。

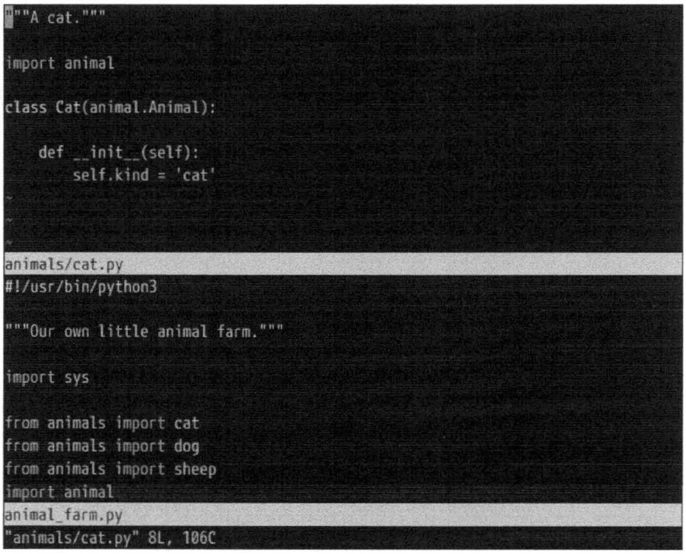

```
"""A cat."""

import animal

class Cat(animal.Animal):

    def __init__(self):
        self.kind = 'cat'
~

~
animals/cat.py
#!/usr/bin/python3

"""Our own little animal farm."""

import sys

from animals import cat
from animals import dog
from animals import sheep
import animal
animal_farm.py
"animals/cat.py" 8L, 106C
```

图 2.5

也可以使用下面的命令按水平方向分割窗口。

```
:vsplit farm.py
```

如图 2.6 所示，当前窗口又水平分隔出一个新的窗口（光标也随之移动到左边的新窗口中）。

```
"""A farm for holding animals."""        """A cat."""

class Farm(object):                      import animal

    def __init__(self):                  class Cat(animal.Animal):
        self.animals = set()
                                             def __init__(self):
    def add_animal(self, animal):                self.kind = 'cat'
        self.animals.add(animal)

    def print_contents(self):
farm.py                                  animals/cat.py
#!/usr/bin/python3

"""Our own little animal farm."""

import sys

from animals import cat
from animals import dog
from animals import sheep
import animal
animal_farm.py
"farm.py" 13L, 332C
```

图 2.6

 :vs 是 :vsplit 的简化版。

通过组合 :split 和 :vsplit，可以生成任意多个窗口。

目前本书提到的所有命令都适用于窗口，包括切换缓冲区。为了使光标能在不同窗口间移动，先按 Ctrl + w 组合键，然后输入一个方向键：h、j、k、l 中的一个或键盘方向键。

按 Ctrl + h 组合键，之后再按 Ctrl + j 组合键（Ctrl 键可以不松开，记为 Ctrl + w,j 组合键），光标会进入下面的窗口，而使用 Ctrl + w,k 组合键则进入上面的窗口。

如果经常使用窗口，读者可以按照如下配置绑定快捷键。

```
" 使用<Ctrl> + hjkl 快速在窗口间跳转
noremap <c-h> <c-w><c-h>
noremap <c-j> <c-w><c-j>
noremap <c-k> <c-w><c-k>
noremap <c-l> <c-w><c-l>
```

然后，就可以用 Ctrl + h 组合键跳到左边的窗口，用 Ctrl + j 组合键跳到底部的窗口，依此类推。

读者可以用下列方式来关闭窗口。

- 使用 `Ctrl + w,q` 组合键关闭当前窗口。

- 使用 `:q` 命令关闭窗口并卸载缓冲区；不过，当只有一个窗口打开的时候，这会导致退出 Vim。

- 使用 `:bd` 命令删除当前缓冲区，并关闭当前窗口。

- 使用 `Ctrl + w,o` 组合键（或 `:only`，或 `:on` 命令）关闭除当前窗口之外的所有窗口。

 当打开了多个窗口时，可通过 `:qa` 命令关闭所有窗口并退出。也可以结合 `:w` 命令，即 `:wqa`，它会先保存所有打开的文件，再退出 Vim。

如果只想关闭缓冲区，而保留它所在的窗口，则可以在 `.vimrc` 文件中加入如下配置。

```
" 关闭缓冲区而不关闭窗口
command! Bd :bp | :sp | :bn | :bd
```

然后，读者就可以使用 `:Bd` 来关闭缓冲区，而保留分割窗口。

2. 窗口的移动

窗口也可以移动、交换或改变大小。因为 Vim 中没有鼠标拖曳的功能，所以只能记住一些命令了。

读者并不需要记住所有这些命令，只要知道 Vim 支持哪些窗口操作，剩下的操作可以通过查看文档。使用 `:help window-moving` 和 `:help window-resize` 打开 Vim 手册中相应的条目，即可找到所有相关的快捷键。

窗口命令的快捷键都要先按 `Ctrl + w` 组合键，后面跟一个大写的方向键（`H`、`J`、`K` 和 `L` 中的一个），当前窗口会被移动到相应的位置。

- 使用 `Ctrl + w,H` 组合键将当前窗口移动到屏幕的最左边。

- 使用 `Ctrl + w,J` 组合键将当前窗口移动到屏幕的底部。

- 使用 `Ctrl + w,K` 组合键将当前窗口移动到屏幕的顶部。

- 使用 `Ctrl + w,L` 组合键将当前窗口移动到屏幕的最右边。

比如图 2.7 所示的窗口布局（先打开 `animal_farm.py`，然后再依次运行 `:sp animals/cat.py` 和 `:vs farm.py`，可得到这个布局）。

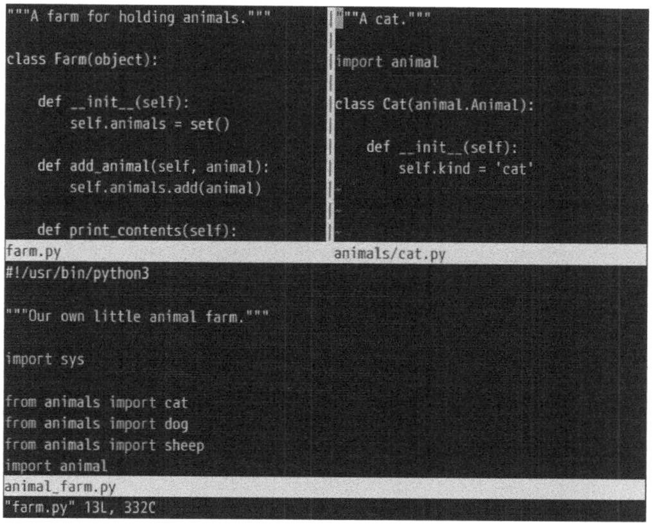

图 2.7

注意，图 2.7 中光标位于 animals/cat.py 文件所在的窗口中。通过前面介绍的几个快捷键，可以让这个窗口朝不同的方向移动。

- 使用 Ctrl + w,H 组合键将 animals/cat.py 移动到最左边，如图 2.8（a）所示。

- 使用 Ctrl + w,J 组合键将 animals/cat.py 移动到底部，而且左右分割变成了上下分割，如图 2.8（b）所示。

- 使用 Ctrl + w,K 组合键将 animals/cat.py 移动到顶部，如图 2.8（c）所示。

- 使用 Ctrl + w,L 组合键将 animals/cat.py 移动到最右边，如图 2.8（d）所示。

若想修改一个窗口的内容，则只需要跳转到这个窗口，然后用:b 命令来选择所需的缓冲区。不过，也有一些快捷键可以用于交换两个窗口的内容。

- 使用 Ctrl + w,r 组合键将当前行或当前列（行优先于列）中的每个窗口的内容向右或向下移动。使用 Ctrl + w,R 组合键则以相反的方向执行类似的操作。

- 使用 Ctrl + w,x 组合键将当前窗口与下一个窗口的内容交换（如果当前窗口是最后一个，则与前一个交换）。

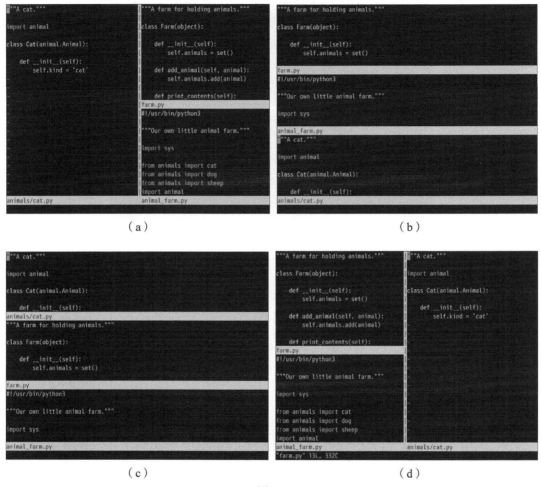

图 2.8

Vim 内部用数字来标识窗口。不过，与缓冲区不同，窗口的编号是随着布局变化而改变的，而且并没有直接的方法来修改窗口编号。有些窗口管理命令以窗口编号为参数，但本书不会涉及这部分内容。有一条原则仅供参考，窗口编号顺序为由上至下、由左至右递增。

3. 改变窗口的大小

Vim 窗口默认的宽高比为 50/50，这可能并不满足读者的需求，因此窗口的大小可以通过一些方法来改变。

快捷键 Ctrl + w,=（按 Ctrl+w 后再按=键）能够将所有打开窗口的宽和高调整为一致。如果不恰当地调整了窗口大小，这个命令将非常有用。

:resize 命令会增加或减少当前窗口的高度，而:vertical resize 将调整窗口的宽度。读者还可以使用如下命令。

- :resize +N 用于将当前窗口的高度增加 N 行。
- :resize -N 用于将当前窗口的高度减少 N 行。
- :vertical resize +N 用于将当前窗口的宽度增加 N 列。
- :vertical resize -N 用于将当前窗口的宽度减少 N 列。

 :resize 和:vertical resize 可分别简写为:res 和:vert res。另外，还有将窗口高度和宽度改变一行/列的快捷键：Ctrl + w,-和 Ctrl + w,+用于调整高度，而 Ctrl+w,>和 Ctrl + w,<用于调整宽度。

两种命令都可以将宽度/高度设置为具体的行数/列数。

- :resize N 用于将窗口高度设置为 N。
- :vertical resize N 用于将窗口宽度设置为 N。

2.3.4 标签页

在很多现代编辑器中，标签页（Tabs）用于表示不同的文件。在 Vim 中自然也是如此，但读者需要考虑其原始目的。

Vim 用标签页来组织一个窗口的集合，进而支持在不同的窗口集合之间切换，这让用户方便地拥有了多个工作区。标签页通常用来在同一个 Vim 会话中区分不同的问题或者文件集合。标签页功能不一定是一个频繁使用的功能，但如果希望在不同项目或同一项目的不同上下文之间切换，那么标签页将是一个不错的选择。

用户愿意使用标签页的另一个原因可能与 Vim 的 diff 功能有关，因为 diff 作用于一个标签页内。更多详情请参考第 5 章中关于 vimdiff 的介绍。

在一个新标签页中打开一个空缓冲区的命令如下。

```
:tabnew
```

在新标签页中打开一个已有文件的命令为:tabnew <文件名>。

如图 2.9 所示，标签页显示在屏幕的顶部。在标记为 3 farm.py 的标签页中打开了三个窗口及一个活动缓冲区 farm.py。[No Name]标签页则是刚才打开过的空缓冲区。

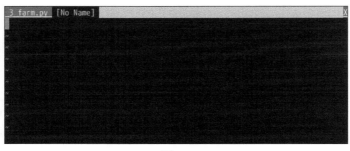

图 2.9

在一个标签页中，可以通过常用的方式（:e <文件名>）来加载文件，也可以用:b命令在不同缓冲区之间切换。

为了在不同标签页之间跳转，可以使用如下命令。

● 快捷键 gt 或:tabnext 命令用于切换到下一个标签页。

● 快捷键 gT 或:tabprevious 命令用于切换到上一个标签页。

标签页可通过:tabclose 命令来关闭，标签页关闭也会导致其中的窗口关闭（如果只剩一个标签页，则需要用:q 来关闭）。

:tabmove N 命令将当前标签页移动到第 N 个标签页之后（如果 N 为 0，则变成第一个标签页）。

2.3.5　折叠

Vim 为浏览大型文件提供的一个强大工具是折叠。折叠功能支持文件部分内容的隐藏，隐藏的依据既可以是预定义的规则，也可以是手动添加的折叠标记。

如图 2.10 所示，animal_farm.py 中的部分代码片断被折叠了，代码中每个方法的具体内容被隐藏了，从而可以在整体上来查看代码。

```
#!/usr/bin/python3

"""Our own little animal farm."""

import sys

from animals import cat
from animals import dog
from animals import sheep
import animal
import farm

def make_animal(kind):
+--  7 lines: if kind == 'cat':---------------------------------

def main(animals):
+--  4 lines: animal_farm = farm.Farm()------------------------

if __name__ == '__main__':
+--  4 lines: if len(sys.argv) == 1:---------------------------
```

图 2.10

1. 折叠 Python 代码

因为本书以 Python 编程为例，所以这里只介绍 Python 示例代码的折叠方式。首先，需要在 .vimrc 文件中将 `foldmethod` 设置为 `indent`，设置代码如下。

```
set foldmethod=indent
```

不要忘记重新加载 ~/.vimrc，方法是重启 Vim 或在 Vim 中执行 :source $MYVIMRC 命令。

设置 `foldmethod` 为 `indent`，使 Vim 基于缩进来折叠代码。

再次打开 animal_farm.py，可以看到该文件中的部分代码已经被隐藏，如图 2.11 所示。

将光标移动到其中一个折叠行上，输入 zo 可以打开当前折叠，如图 2.12 所示。

只要光标在一个潜在的折叠文本中（本例中为缩进的代码块），输入 zc 都会将此折叠关闭。

```
!/usr/bin/python3

"""Our own little animal farm."""

import sys

from animals import cat
from animals import dog
from animals import sheep
import animal
import farm

def make_animal(kind):
+--  7 lines: if kind == 'cat':-----------------------------

def main(animals):
+--  4 lines: animal_farm = farm.Farm()---------------------

if __name__ == '__main__':
+--  4 lines: if len(sys.argv) == 1:------------------------

~
~
~
```

图 2.11

```
#!/usr/bin/python3

"""Our own little animal farm."""

import sys

from animals import cat
from animals import dog
from animals import sheep
import animal
import farm

def make_animal(kind):
    if kind == 'cat':
        return cat.Cat()
    if kind == 'dog':
        return dog.Dog()
    if kind == 'sheep':
        return sheep.Sheep()
    return animal.Animal(kind)

def main(animals):
+--  4 lines: animal_farm = farm.farm()---------------------
"animal_farm.py" 32L, 687C
```

图 2.12

为了方便看清折叠的位置，可以使用:set foldcolumn=N 命令，其中 N 的取值为 0～12。这会告诉 Vim 用从屏幕左边开始的 N 列来标记折叠，其中符号-表示一个打开的折叠，符号|表示打开的折叠的内容，符号+表示关闭的折叠。

输入 za 可切换折叠状态（打开关闭的折叠或关闭打开的折叠）。输入 zR 和 zM 分别用于同时打开和关闭所有折叠。

将 foldmethod 设置为自动类型（如 indent）会默认将所有文件折叠。这只是一种偏好，读者也可能会选择在打开新文件时打开折叠。在 .vimrc 文件中添加 autocmd BufRead * normal zR 会在打开新文件时令折叠处于打开状态，即 Vim 在读取新的缓冲区时执行 zR 命令（打开所有折叠）。

2．折叠的类型

从某种意义上来说，Vim 在折叠代码方面是比较智能的，而且支持多种折叠方式。折叠的方法由 .vimrc 文件中的 foldmethod 选项来指定。Vim 支持如下折叠方式。

- manual：手动折叠，这种方法对于长文本而言并不适用。

- indent：基于缩进的折叠，这对于依赖缩进的编程语言非常合适（不管哪种语言，标准的编码风格中总是会采用某种一致性的缩进。因此，当读者想要快速隐藏不关心的代码时，indent 折叠方式不失为一种高效率的选择）。

- expr：基于正则表达式的折叠。如果读者想要用复杂的规则来定义折叠，那么可以选择这种方式。

- marker：使用文本中特殊的标记来定义折叠，比如 {{{ 和 }}}。这种方法对于管理很长的 .vimrc 文件非常有效，但是在 Vim 之外不常用，因为这种方式需要修改文件内容。

- syntax 提供了可识别语法的折叠，但它并非对所有语言都开箱即用（不支持 Python）。

- diff：当 Vim 处于 diff 模式时会自动采用这种折叠方式，diff 模式下需要展示两个文件的不同之处，而相同之处往往需要隐藏起来（参见第 5 章）。

设置折叠方式的方法为在 .vimrc 文件中加入 set foldmethod=<折叠方法>。

2.4　文件树的浏览

软件项目往往包含大量的文件和目录，能够利用 Vim 快速浏览和展示这些文件和目录将是一件很方便的事。本节介绍 5 种不同的文件浏览方式，它们分别是内置的 Netrw

文件管理器、启用了 wildmenu 的:e 命令、NERDTree、Vinegar 和 CtrlP 插件。这些方式都可用于处理文件，并可按需求组合使用。

2.4.1　目录浏览器 Netrw

Netrw 是 Vim 的内置文件管理器（用技术语言来说，它是 Vim 自带的一个插件）。Netrw 支持对目录和文件的浏览，这和操作系统下的文件管理器类似。

使用方法为执行命令:Ex（完整命令为:Explore），它会打开文件浏览窗口，如图 2.13 所示。

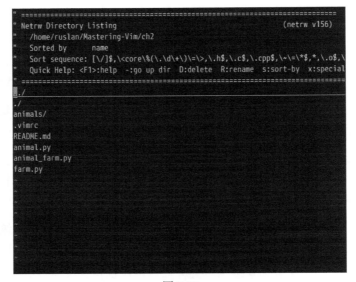

图 2.13

 因为 Netrw 与 Vim 集成在一起，所以编辑一个目录时（如用:e .命令打开当前目录），实际上打开的是 Netrw。

通过 Netrw，读者可以在工作区中看到所有的文件。虽然 Netrw 已经在顶部的状态栏中列出了几个常用的快捷键，但是下面的几个主要功能键还是需要了解一下。

- Enter 键用于打开文件和目录。
- -键进入上一层目录。

- D 键删除一个文件或目录。

- R 重命名一个文件或目录。

Netrw 的窗口也可以在分割窗口或标签页中打开。

- :Vex 以左右分割方式打开 Netrw。

- :Sex 以上下分割方式打开 Netrw。

- :Lex 以左右分割方式打开 Netrw，当前 Netrw 窗口位于最左边，且高度占满整个屏幕。

Netrw 非常强大，它还支持远程编辑。比如，通过下列命令可以列出 SFTP 下远程目录的内容。

```
:Ex sftp://<domain>/<directory>/
```

这里的:Ex 命令也可以换成:e，效果相同。当然，:e 也可以打开 SCP 下的远程文件。

```
:e scp://<domain>/<directory>/<file>
```

2.4.2 支持文件菜单的:e 命令

另一种浏览文件树的方式为在.vimrc 文件中设置 set wildmenu。此选项将在增强模式下产生一个自动补全的文件名菜单（wildmenu），并在状态栏中快速按 Enter 键呈现所有可能的自动补全选项。启用 wildmenu 之后，输入:e 命令（不按 Enter 键，输入一个空格），然后按 Tab 键。这时，状态栏中会显示一个文件列表，读者可以用 Tab 键遍历选择这些文件，或者用 Shift + Tab 组合键反向遍历（左方向键和右方向键可以起到同样的作用），如图 2.14 所示。

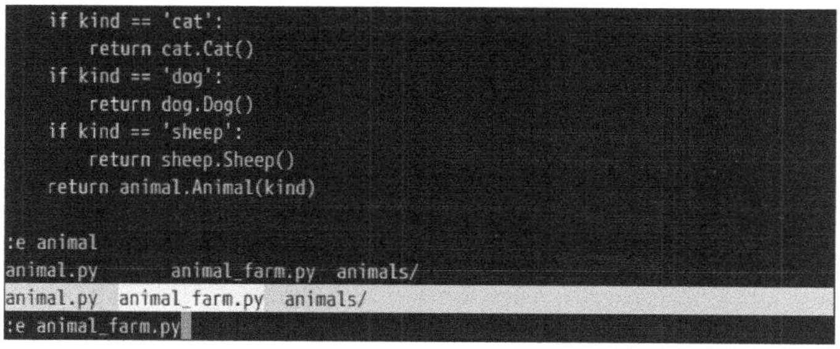

图 2.14

选择完成后再按 Enter 键，就打开相应的文件或目录了。按向下方向键将进入光标选中的目录，而向上方向键则进入上一级目录。

wildmenu 也支持部分路径，输入 :e <文件名开始的字符>，然后按 Tab 键，会触发 wildmenu。

.vimrc 中常用的 wildmenu 设置如下所示。

```
set wildmenu                        " 启用增强的 Tab 自动补全
set wildmode=list:longest,full      " 补全为允许的最长字符串，然后打开 wildmenu
```

上述设置允许读者在第一次按 Tab 键时将部分路径补全为最长的匹配字符串（并且还会展示所有的可能项）；第二次按 Tab 键时遍历 wildmenu 中的文件。

2.4.3　插件——NERDTree

NERDTree 是一种模拟现代 IDE 行为的优秀插件，它在屏幕边缘用一个分割的缓冲区来展示文件树。NERDTree 可从 GitHub 仓库 scrooloose/nerdtree 中找到（安装插件的方法参见 2.2 节）。

安装 NERDTree 之后可通过 :NERDTree 命令启动 NERDTree。如图 2.15 所示，左边窗口中列出了一个目录以及其中的文件。

图 2.15

使用 h、j、k 和 l 键或方向键可以浏览文件树结构，按 Enter 键或 o 键可打开选中的文件。还有一些其他有用的快捷键，可以用 Shift + ?组合键查看。

NERDTree 有一个不得不提的功能：支持书签。读者可通过:Bookmark 命令来收藏当前光标在 NERDTree 中选择的目录。在 NERDTree 窗口中，按 B 键可以在窗口顶部列出所有书签。如图 2.16 所示，本书第 1 章和第 2 章的代码目录分别被收藏为 ch1 和 ch2。

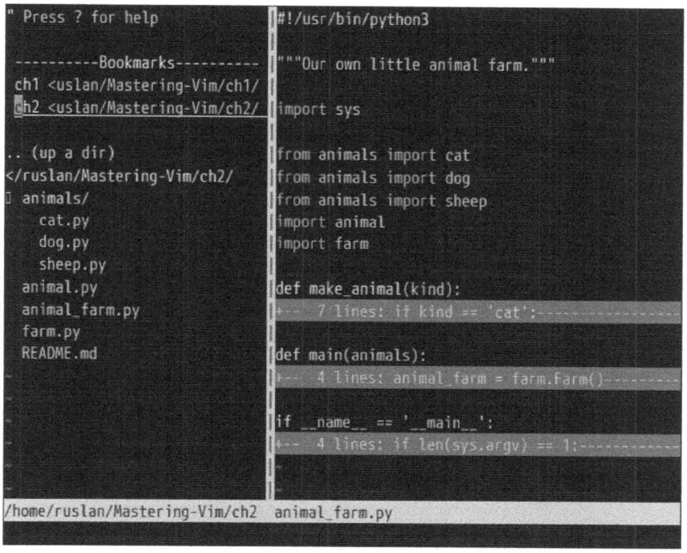

图 2.16

读者可以在 NERDTree 窗口中使书签保持显示，方法是在.vimrc 文件中设置 NERDTreeShowBookmarks 选项，如下所示。

```
let NERDTreeShowBookmarks = 1 " 启动 NERDTree 时显示书签
```

隐藏 NERDTree 窗口的命令是:NERDTreeToggle。如果读者希望在编辑时令 NERDTree 窗口保持打开，则可以在.vimrc 中加入如下设置。

```
autocmd VimEnter * NERDTree    " Vim 启动时打开 NERDTree
```

当 NERDTree 窗口变成最后一个窗口时并不会自动关闭，读者可以通过.vimrc 文件中的如下设置来改变这种行为。

```
" 当 NERDTree 窗口是最后一个窗口时自动关闭
autocmd bufenter * if (winnr("$") == 1 && exists("b:NERDTree") &&
  \ b:NERDTree.isTabTree()) | q | endif
```

NERDTree 的优点是可以在工作区中显示一个项目文件的概览，很多人习惯使用图形化用户界面，因此会喜欢 NERDTree。但是，当用户的编辑习惯被 Vim 改变时，可能会觉得文件列表容易让人分心，转而又会返回到更简洁的 Netrw。

2.4.4　插件——Vinegar

Tim Pope 的 vinegar.vim 是一个小插件，用于解决项目侧边栏与分割窗口无法同时工作的问题。当打开了多个分割窗口时，诸如 NERDTree 这样的插件会让人更加分心。

图 2.17 中已经打开了 3 个窗口（第四个 NERDTree 窗口在最左边）。如果在 NERDTree 窗口中按 Enter 键，则光标选中的文件将在右边哪个窗口中打开呢？

```
" Press ? for help              """"A farm for holding animals."""   """"A cat."""

.. (up a dir)                   class Farm(object):                  import animal
</ruslan/Mastering-Vim/ch2/
□ animals/                          def __init__(self):             class Cat(animal.Animal):
    cat.py                              self.animals = set()
    dog.py                                                              def __init__(self):
    sheep.py                        def add_animal(self, animal):           self.kind = 'cat'
  animal.py                             self.animals.add(animal)
  animal_farm.py
  farm.py                         def print_contents(self):
  README.md                      farm.py                              animals/cat.py
                                 #!/usr/bin/python3

                                 """"Our own little animal farm."""

                                 import sys

                                 from animals import cat
                                 from animals import dog
                                 from animals import sheep
                                 import animal
/home/ruslan/Mastering-Vim/ch2  animal_farm.py
```

图 2.17

这个文件将在左下方打开，但用户无法预知。NERDTree 总是在最后一个创建的窗口中打开文件。

Tim Pope 用一个称为 Vinegar 的小插件解决了这个问题，使 Netrw 拥有无缝集成的用户体验。此插件可在 GitHub 仓库 tpope/vim-vinegar 中找到（安装插件的方法参见 2.2 节）。

如果读者同时安装了 NERDTree 和 Vinegar，则 Vinegar 会使用 NERDTree 窗口，而不是 Netrw。为了避免 NERDTree 取代 Netrw（而且使-键之类的命令保持可用），读者需要在 .vimrc 文件中设置 let NERDTreeHijackNetrw = 0。

Vinegar 提供了一种新的快捷键映射：-键（短横线）用于在当前目录中打开 Netrw，效果如图 2.18 所示。

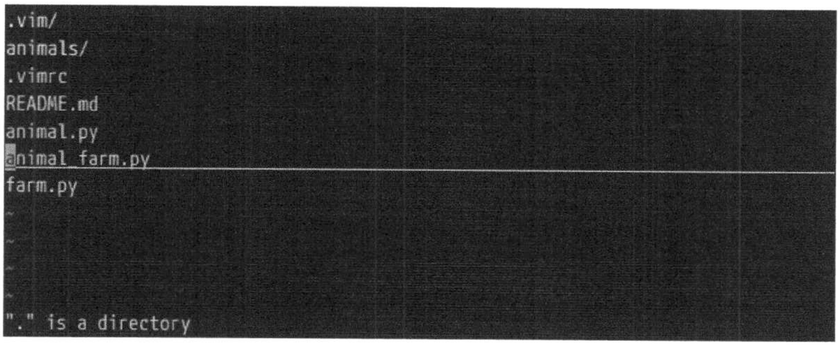

图 2.18

此插件隐藏了 Netrw 顶部的帮助栏，这可能会让读者有些迷惑。按 I 键（大写的 i），帮助栏又会重新出现。另一个快捷键是 Shift + ~组合键，它将打开用户主目录，很多人习惯在主目录中保存项目。

2.4.5 插件——CtrlP

CtrlP 是一个模糊补全插件，可帮助读者在只知道部分关键字时快速打开所需文件。CtrlP 可在 GitHub 仓库 ctrlpvim/ctrlp.vim 中找到（安装插件的方法参见本章 2.2 节）。

安装此插件，然后在 Vim 中按下 Ctrl + p 组合键。如图 2.19 所示，屏幕下方会出现 CtrlP 窗口，其中列出了项目目录中的文件列表。然后，输入文件名或目录中的关键字，列表中将只剩下匹配项。读者可以用 Ctrl + j 组合键和 Ctrl + k 组合键来上下遍历列表，并用 Enter 键来打开选中的文件。按 Esc 键退出 CtrlP 窗口。

图 2.19

除当前目录下的文件之外，CtrlP 还支持在缓冲区或最近使用的文件之间切换。在打开 CtrlP 窗口的情况下，使用 Ctrl + f 组合键和 Ctrl + b 组合键可以在 3 种不同的搜索模式之间的循环切换。

读者可以用命令来选择一种搜索模式，:CtrlPBuffer 命令会列出缓冲区供读者选择，:CtrlPMRU 命令会列出最近使用的文件，而:CtrlPMixed 命令则同时显示文件、缓冲区和最近使用的文件。

读者也可以在.vimrc 文件中绑定其他快捷键。比如，将:CtrlPBuffer 命令绑定到 Ctrl + b 组合键，可以使用如下设置。

```
nnoremap <C-b> :CtrlPBuffer<cr>        " 将 CtrlP 缓冲区模式绑定到 Ctrl + b 组合键
```

2.5　文本的浏览

虽然第 1 章已经介绍了一些基本的光标移动方法（包括按字符移动、按单词移动和按段落移动），但是 Vim 还支持大量其他的文本浏览方式。

下面是在当前行内的一些操作。

● h 表示向左，l 表示向右。

● t（取自于 until 中的 t 字母）后面接一个字符，用于在当前行内搜索该字符，并将光标置于此字符之前；T 则用于反向搜索。

● f（取自于 find 中的 f 字母）后面接一个字符，用于在当前行内搜索该字符，并将光标置于此字符之上；F 则用于反向搜索。

- _将光标放到行首，而 $ 将光标置于行尾。

 狭义单词（word）由数字、字母和下划线组成。广义单词（WORD）表示由除空白字符（如空格、制表符或换行符）之外的所有字符构成的字符串。区分这两种单词可以帮助读者更精准地在文本中跳转。比如，farm.add_animal(animal) 是一个广义单词，而 farm、add_animal 和 animal 又各自构成狭义单词。

下面的命令分别对应几种读者熟悉的自由跳转方式。

- j 和 l 分别表示上下移动光标。
- w 将光标移动到下一个单词的开头（W 用于广义单词）。
- b 将光标移动到上一个单词的开关（B 用于广义单词）。
- e 将光标移动到下一个单词的结尾（E 用于广义单词）。
- ge 将光标移动到上一个单词的结尾（gE 用于广义单词）。
- Shift + { 和 Shift + } 分别将光标移动到段落的开头和结尾。

这里还介绍一些新的自由跳转方式。

- Shift + (和 Shift +) 分别将光标移动到句子的开头和结尾。
- H 将跳转到当前窗口的顶部，而 L 将跳转到当前窗口的底部。
- Ctrl + f（或 PageDown 键）在当前缓冲区中向下翻页，而 Ctrl + b（或 PageUp 键）为上翻页。
- /接一个字符串，用于在文档中搜索该字符串，而?（Shift + /）用于反向搜索。
- gg 用于跳转到文件开头。
- G 用于跳转到文件结尾。

图 2.20 是根据 Ted Nailed 在 2010 年发布的博客制作成的 Vim 文本浏览方法示意图。

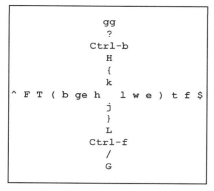

图 2.20

读者还可以按行号来移动光标。为了显示行号，可以运行 :set nu 命令（按 Enter 键），或在 .vimrc 文件中添加 :set number。Vim 将在屏幕左侧留出几列用于显示行号，如图 2.21 所示。

```
 1 #!/usr/bin/python3
 2
 3 """Our own little animal farm."""
 4
 5 import sys
 6
 7 from animals import cat
 8 from animals import dog
 9 from animals import sheep
10 import animal
11 import farm
12
13 def make_animal(kind):
14 +--    7 lines: if kind == 'cat':--------------------
21
22 def main(animals):
23 +--    4 lines: animal_farm = farm.Farm()--------------
27
28 if __name__ == '__main__':
29 +--    4 lines: if len(sys.argv) == 1:---------------

:set nu
```

图 2.21

读者可以通过 :N（按 Enter 键）跳转到第 N 行，其中 N 为绝对行号。比如，跳到第 20 行，可通过命令 :20（按 Enter 键）实现。

读者还可以选择在 Vim 中打开一个文件时立刻将光标置于特定的行。具体做法是，打开 Vim 时，在文件名后面加上 +N，其中 N 为行号。比如，为了打开 animal_farm.py 文件，并跳转到第 14 行，可以在命令行中执行 $ vim animal_farm.py +14。

Vim 支持相对行移动。:+N 用于向下移动 N 行，而 :-N 用于向上移动 N 行。Vim 还可以在左侧边栏显示当前行的相对行号，设置命令为 :set relativenumber。

如图 2.22 所示，当前行号为 11，其他行显示的是相对行号。比如，读者可以通过 :+5 命令（按 Enter 键），告诉 Vim 跳转到包含 def main(animals): 的那行。

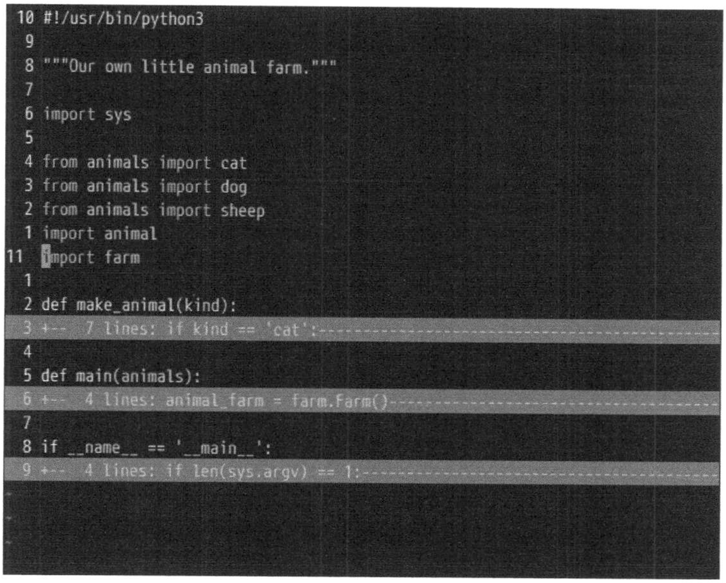

图 2.22

2.5.1　切换到插入模式

前面已经介绍过，在 Vim 中使用 i 键进入插入模式，而插入文本的位置为光标的位置。

除此之外，还有其他进入插入模式的便捷方法。

● a 键用于在光标后面进入插入模式。

● A 键用于在当前行行尾进入插入模式（等价于$a）。

● I 键用于在当前行行首（在缩进之后）进入插入模式（等价于_i）。

● o 键用于在光标下面新增一行，在新的一行里进入插入模式。

● O 键用于在光标上面新增一行，在新的一行里进入插入模式。

● gi 用于在最后退出的位置进入插入模式。

第 1 章已经介绍了如何通过修改命令 c 来删除文本，然后进入插入模式。还有一些其他的先修改再插入的组合命令，介绍如下。

● C 用于删除光标右边的文字（直到行尾），然后进入插入模式。

- cc 或 S 用于删除当前行的内容，然后进入插入模式，但会保留缩进。

- s 用于删除单个字符（如果前面加了数字，则会删除多个字符），然后进入插入模式。

2.5.2　用/和?搜索

大多数情况下，Vim 中最快的文本浏览方式是搜索指定的字符串，搜索方法是按/键（从正常模式进入命令模式），然后输入待搜索的字符串。按 Enter 键之后，光标将移动到第一个匹配的地方。

按 n 键可以在同一个缓冲区中循环遍历所有匹配的位置，而按 N 键则可以开始反向遍历。

搜索过程中常用到的一个选项是 set hlsearch（可以考虑添加到.vimrc 文件中），因为这个选项会在屏幕上高亮显示每个匹配项。比如，在 animal_farm.py 中执行搜索命令/kind，启用 hlsearch 选项之后，所有的 kind 字符串都会高亮显示，如图 2.23 所示。

```
from animals import dog
from animals import sheep
import animal
import farm

def make_animal(kind):
    if kind == 'cat':
        return cat.Cat()
    if kind == 'dog':
        return dog.Dog()
    if kind == 'sheep':
        return sheep.Sheep()
    return animal.Animal(kind)

def main(animals):
    animal_farm = farm.Farm()
    for animal_kind in animals:
        animal_farm.add_animal(make_animal(animal_kind))
    animal_farm.print_contents()
```

图 2.23

读者可以用:noh 命令清除高亮显示。

还有一个技巧是使用 set incsearch。这个选项会在读者还未完整输入搜索命令时，就将光标动态跳转到第一个匹配处。

如果想要反向搜索，则将/换成?即可，这时 n（跳转到下一个匹配）和 N（跳转到上一个匹配）的行为也会发生变化。

1. 跨文件搜索

Vim 提供了两个命令来实现跨文件搜索，分别是:grep 和:vimgrep。

- :grep 调用的是系统命令 grep，这是一个非常强大的工具，特别是对于熟悉 grep 用法的人而言。

- :vimgrep 则属于 Vim 的一部分，如果读者还不是太熟悉 grep，则:vimgrep 命令会更容易掌握。

本书只关心:vimgrep，因为 grep 工具的使用超出了本书的内容范围。

:vimgrep 的语法为:vimgrep <模式> <路径>。其中<模式>既可以是一个字符串，也可以是 Vim 风格的正则表达式。<路径>通常为一个通配符，当<路径>为**时，表示对目录递归搜索（或者使用**/*.py 搜索具体的文件类型）。

比如，使用下面的命令在本书的 Python 工程中搜索 calc 字符串。

```
:vimgrep animal **/*.py
```

然后，Vim 会跳转到第一个匹配处，并在屏幕底部显示匹配的个数，如图 2.24 所示。

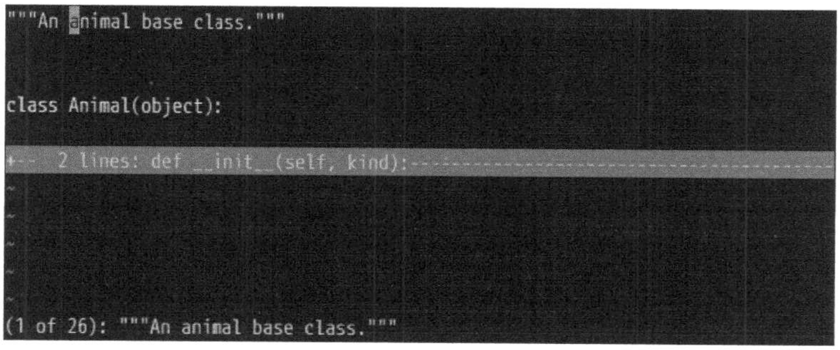

```
"""An animal base class."""


class Animal(object):

+--  2 lines: def __init__(self, kind):--------------------------
~
~
~
~
~
~
(1 of 26): """An animal base class."""
```

图 2.24

然后可以用:cn 或:cp 来逐个浏览各匹配项。读者也可以执行:copen 命令，这时会在底部出现一个新窗口，其中有可视化显示的快速恢复（quickfix）列表，如图 2.25 所示。

在快速恢复列表中，可以用 j 和 k 来上下移动光标，然后按 Enter 键跳转到相应的匹配处。这个快速恢复窗口和其他窗口一样，也可以用:q命令或 Ctrl + w,q 组合键退出。更多内容参见 5.5.1 节中关于快速恢复列表的介绍。

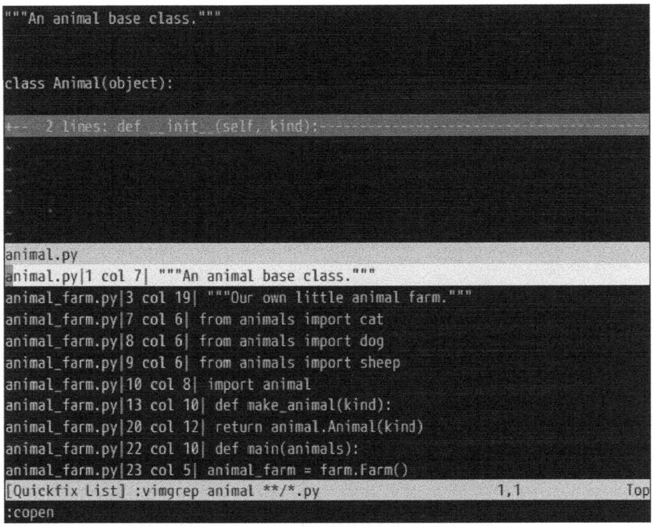

图 2.25

2. ack

在 Linux 操作系统中，Vim 可以结合 ack 工具来搜索代码库。ack 继承了 grep 的思想，它更关注于搜索代码。读者可以用自己喜欢的包管理器来安装 ack，下面是使用 apt-get 的安装示例。

```
$ sudo apt-get install ack-grep
```

访问 Beyond grep 网站，可以了解到 ack 的更多介绍及其安装方法。

比如，读者可以在命令行中用 ack 来递归搜索所有包含单词 Animal 的 Python 文件，命令如下。

```
$ ack --python Animal
```

上述代码会产生如图 2.26 所示的结果，可以发现，ack 的运行结果类似于 grep。

Vim 中包含一个集成 ack 的插件，可以将 ack 的结果显示在快速恢复窗口中（参考 5.5.1 节关于快速列表的介绍）。这个插件的地址为 GitHub 仓库 mileszs/ack.vim。安装此插件之后，可以在 Vim 中执行如下 :ack 命令。

```
:ack --python Animal
```

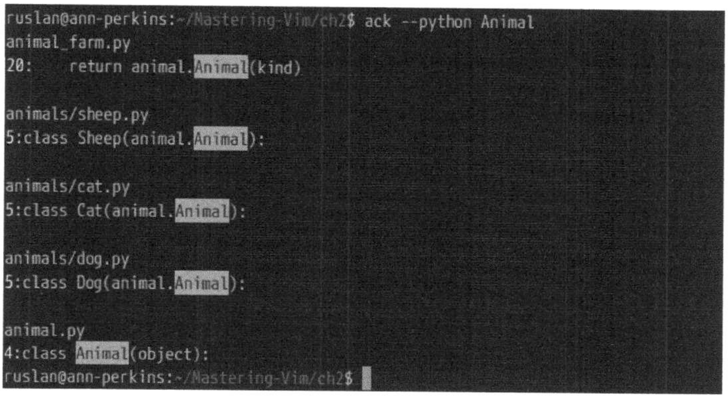

图 2.26

此命令会运行 ack，然后显示快速恢复窗口（参考 5.5.1 节中关于快速恢复窗口的详细介绍），其结果如图 2.27 所示。

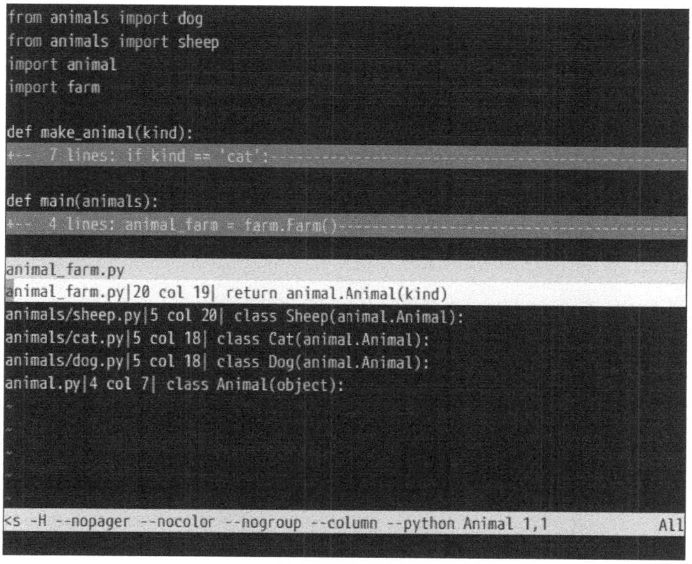

图 2.27

2.5.3　利用文本对象

文本对象是 Vim 中额外增加的对象类型，比如括号内或引号内的文本都可以称作文本对象。通过文本对象，读者可以更方便地处理代码。文本对象只能与其他操作符组合起来使用，比如修改命令、删除命令或可视模式（参见 3.3.4 节）。

现在，读者可以尝试使用文本对象。如图 2.28 所示，将光标置于括号内。

```
    def print_contents(self):
        print("We've got some animals on the farm:",
              ', '.join(animal.kind for animal in self.animals) + '.')
```

图 2.28

然后输入命令 `di)`（删除括号内的文本），括号内的文本就会被删除，如图 2.29 所示。

```
    def print_contents(self):
        print("We've got some animals on the farm:",
              ', '.join() + '.')
```

图 2.29

上面的删除命令和修改命令类似。用 `u` 来撤销上面的修改，如图 2.30 所示。

```
    def print_contents(self):
        print("We've got some animals on the farm:",
              ', '.join(animal.kind for animal in self.animals) + '.')
```

图 2.30

执行 `c2aw`（修改两个单词）会删除光标后的两个单词（包括周围的空格），然后进入插入模式，如图 2.31 所示。

```
    def print_contents(self):
        print("We've got some animals on the farm:",
              ', '.join(animal.kind in self.animals) + '.')
-- INSERT --
```

图 2.31

从上面的两个例子中可以看到，文本对象有两种风格：内对象（以 `i` 开头）和外对象（以 `a` 开头）。内对象不包含空白字符（或周围其他字符），而外对象是包含的。

文本对象的完整列表可通过:help text-objects命令来查看，这里列出一些有趣的文本对象。

- w 和 W 分别表示狭义单词 word 和广义单词 WORD。
- s 表示句子。
- p 表示段落。
- t 表示 HTML/XML 标签。

编程语言中常用的成对的字符全部可以表示为文本对象，包括\`、"、""、()、[]、<> 和{}，因而读者可以选择这些字符之间的文本。

读者可以将文本对象的使用方式理解为句子的构造，表 2.1 中有两个示例。

表 2.1

动　　词	数目（可选）	形　容　词	名　　词
d（删除）	—	i（内部）	）（括号）
c（修改）	2	a（外部）	w（单词）

2.5.4　插件——EasyMotion

EasyMotion 一直是作者工具箱中的核心组成部分。它简化了文本浏览过程，可以准确且快速地跳转到指定位置。插件的网址为 GitHub 仓库 easymotion/vim-easymotion（安装方法参见本章 2.2 节）。

安装完成之后，连续按两次先导键\，然后按某个移动键，可以启动此插件。

 Vim 插件常用先导键来实现额外的快捷键映射。默认情况下，Vim 的先导键为\。关于先导键的更多介绍请参考第 3 章。

\\w命令（按两次反斜划线，然后按 w 键）将触发逐个单词的移动方式，如图 2.32 所示。

从图 2.32 中可以看到，屏幕上每个单词的开头都被替换为一个字母（或两个字母，EasyMotion 命令用完了所有英文字母之后就会使用两个字母）。按一个字母（或依次按两个字母），光标将瞬间跳转到屏幕上的指定位置。

EasyMotion 默认支持下列移动命令（所有命令都要加上两个先导符）。

- f 用于向右查找一个字符，F 则用于向左查找字符。

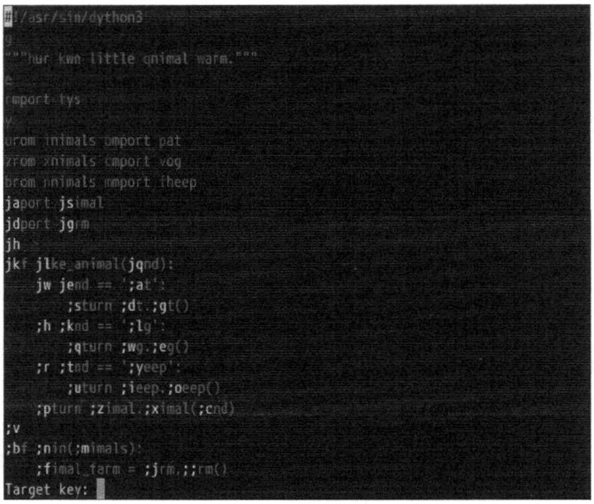

图 2.32

- t 用于向右移动直到找到该字符，T 则用于向左移动直到查找该字符。
- w 用于向后跳过一个狭义单词（W 向后跳过一个广义单词）。
- b 用于向前跳过一个狭义单词（B 向前跳过一个广义单词）。
- e 用于向前跳到狭义单词末尾（E 向前跳到广义单词末尾）。
- ge 用于向后跳到狭义单词的末尾（gE 向后跳到广义单词的末尾）。
- k 和 j 分别用于跳到上一行或下一行的开关。
- n 和 N 分别用于跳到上一个或下一个的搜索结果（在用/或?搜索之后）。

EasyMotion 还保留了很多快捷键没有使用，因此读者可以构建自己的快捷键映射。:help easymotion 命令可查看 EasyMotion 的所有功能。

2.6　使用寄存器进行复制和粘贴

读者可以用 y 命令（yank）来复制文本，后面接一个移动命令或一个文本对象。选择一些文本后也可以在可视模式下使用 y 来复制。[①]

---

① 译者注：这里的复制和粘贴只限于 Vim 内部，复制是将文本存入相应的 Vim 寄存器中，而粘贴是从某个 Vim 寄存器中取出文字并插入当前光标位置。如果想要和系统的粘贴板进行交互，需要使用特殊的寄存器。

除所有的标准移动命令之外，读者也可以使用 yy 命令来复制当前行。

如图 2.33 所示，ye 命令（复制文本直到下一个单词结尾）将复制 animal_kind 到 Vim 的默认寄存器中。

```
        return sheep.Sheep()
    return animal.Animal(kind)

def main(animals):
    animal_farm = farm.Farm()
    for animal_kind in animals:
        animal_farm.add_animal(make_animal())
    animal_farm.print_contents()

if __name__ == '__main__':
    if len(sys.argv) == 1:
```

图 2.33

然后，将光标移动到待粘贴的位置（文本将插入光标之后），如图 2.34 所示。

```
        return sheep.Sheep()
    return animal.Animal(kind)

def main(animals):
    animal_farm = farm.Farm()
    for animal_kind in animals:
        animal_farm.add_animal(make_animal())
    animal_farm.print_contents()

if __name__ == '__main__':
    if len(sys.argv) == 1:
```

图 2.34

然后，按 p 键将文本粘贴到指定位置，如图 2.35 所示。

```
        return sheep.Sheep()
    return animal.Animal(kind)

def main(animals):
    animal_farm = farm.Farm()
    for animal_kind in animals:
        animal_farm.add_animal(make_animal(animal_kind))
    animal_farm.print_contents()

if __name__ == '__main__':
    if len(sys.argv) == 1:
1 change; before #10   1 seconds ago
```

图 2.35

删除和修改操作同时也复制了相关的文本，这些文本可以用于后续的粘贴操作中。另外，粘贴操作 p 的前面可以加数字，从而实现多次粘贴。

2.6.1　寄存器

在 Vim 中复制和粘贴文本时，文本是储存在 Vim 寄存器里面的。Vim 支持多种寄存器，每个寄存器用字母、数字或特殊符号来标识。

寄存器的访问方式是引号键`"`，后面接寄存器的标识符，然后是针对指定寄存器的操作。

a～z 所标识的寄存器用于手动复制数据。比如，将一个单词复制到 a 寄存器，可以使用`"ayw`命令，而粘贴命令为`"ap`。

 寄存器还可用于录制宏，相关内容请参考第 6 章。

前面介绍的复制和粘贴操作使用的都是默认的无名寄存器。这个无名寄存器用双引号`"`来标识，读者可以用这个标识符来显式访问寄存器。比如，`""p`用于从无名寄存中粘贴文本，等同于 p。

用数字编号的寄存器存储的是最后 10 次删除操作的历史记录。0 寄存器存储的是最后一次删除的文本，1 寄存器则为上上次删除的文本，依此类推。假设读者记忆力超群，想起了 7 次粘贴操作之前的粘贴操作，`"7p`命令会将那次操作的文本再次粘贴出来。

 还有一些很有用的只读寄存器：`%`存储了当前文件名，`#`存储了上次打开的文件名，`.`中为最后插入的文本，`:`为最后执行的命令。

读者也可以在正常模式之外与缓冲区进行交互。`Ctrl + r`组合键允许读者在插入模式或命令行模式下粘贴某个寄存器的内容。比如，在插入模式下，按`Ctrl + r`组合键，`"`会在光标处粘贴无名寄存器中的内容。

读者可以在任何时候通过`:reg <寄存器标识符>`命令来访问某个寄存器的内容。比如，`:reg a b`命令可同时得到 a 和 b 寄存器中的内容，如图 2.36 所示。

在图 2.36 所示的例子中，a 寄存器中存储的内容是`def make_animal(kind):`，而 b 寄存器中存储的是用换行符分隔的一系列 import 语句（`from animals import ...`）。

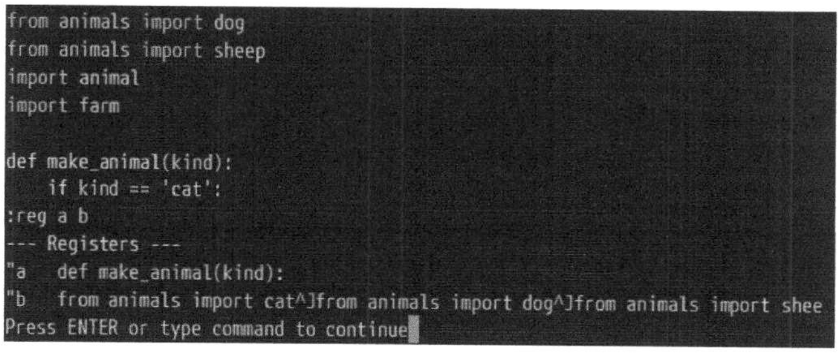

图 2.36

此外，读者还可以用:reg 命令列出所有寄存器的内容。

y 命令会重写寄存器内的内容，而字母命令的寄存器（a～z）是可以附加内容的，方法是使用大写的寄存器标识符。比如，若想附加一个单词到寄存器 a 中，可以先将光标置于此单词开头，然后执行"Ayw 命令。

2.6.2　从外部复制文本到 Vim 中

Vim 中有如下两种内置的寄存器用于和外部世界交互。

- *寄存器表示系统的主粘贴板（macOS 和 Windows 系统中的默认粘贴板，在 Linux 系统中为终端的鼠标选择内容）

- +寄存器（只针对 Linux）用于 Windows 风格的 Ctrl + c 组合键和 Ctrl + v 组合键操作［称为**粘贴板选择器（Clipboard selection）**］

这两个寄存器的使用方式与其他寄存器相同。比如，"*p 命令用于从系统主粘贴板中将文本粘贴进来，"+yy 命令则将一行文本复制到 Linux 的粘贴板选择器中。

如果读者希望默认使用这些寄存器，可以在.vimrc 文件中设置 clipboard 变量，将其设置为 unamed 时，表示默认使用*寄存器进行复制和粘贴。

set clipboard=unamed " 复制到系统寄存器(*)

将 clipboard 设置为 unnamedplus，将默认使用+寄存器。

set clipboard=unnamedplus " 复制到系统寄存器(+)

利用如下命令还可以同时使用这两个寄存器。

set clipboard=unamed,unnamedplus " 复制到系统寄存器(*，+)

在 .vimrc 文件中完成设置之后，y 和 p 命令将分别从指定的默认寄存器中复制和粘贴。

 有时，读者希望在插入模式下从系统粘贴板中将文字粘贴到缓冲区中。在老版本的 Vim 或某些终端模拟器中，这样粘贴会出现问题，因为 Vim 会在粘贴过程中自动缩进代码或添加注释。为避免这种情况，在粘贴代码之前先禁用缩进和自动注释，方法是运行 :set paste 命令，粘贴完成之后，恢复的命令为 :set nopaste。从 8.0 版本开始，Vim 默认启用括号化粘贴模式（bracketed paste mode），从而基本解决了这些问题。

2.7　小结

本章介绍了 Vim 中的一些核心概念，以及如何利用这些概念进行文本浏览，具体包括使用缓冲区表示文件、分割窗口和用标签页组织多个窗口。另外还介绍了如何通过折叠来更有条理地浏览大文件的内容。

经过本章的学习，读者应该可以更自信地用 Vim 来处理大型代码库，包括用插件（如 Netrw、NERDTree、Vinegar 和 CtrlP）来浏览文件。本章还介绍了一种安装这些插件的快速方式（虽然不够自动化）。

本章介绍了几种新的光标移动操作、文本对象、快速切换到插入模式的方法以及如何用 EasyMotion 插件在文件中快速跳转。本章还介绍了搜索功能，包括文件内搜索和整个代码库内文件之间的搜索。如果读者能够尝试本章介绍的 ack 插件，收获会更大。

最后，本章还介绍了寄存器的概念，以及如何用寄存器来复制和粘贴文本。

第 3 章将更深入地介绍插件的管理，并详细介绍 Vim 中的各种模式，以及定制快捷键映射和命令。

第 3 章
使用先导键——插件管理

编写 Vim 插件比较容易，每年都会出现不少新的插件。有一些插件受众较少，只是改进了特定的工作流程；有一些则更为通用，能够帮助广大的 Vim 用户提高效率。本章将深入探讨 Vim 插件的安装和使用方法，以及如何通过快捷键映射来定制工作流程。具体包括如下主题。

- 使用手动方法或 vim-plug、Vundle、Pathogen 等管理多个插件。

- 介绍配置慢速插件的方法。

- 深入介绍 Vim 中的主要模式。

- 理解命令重映射的复杂性。

- 介绍先导键及其在定制快捷键时的用处。

- 配置和定制插件。

3.1　技术要求

本章中的很多内容涉及修改 .vimrc 文件，本章末尾修改完成的 .vimrc 文件可以在异步社区中找到。

3.2　插件的管理

到目前为止，读者应该已经安装了一些插件，而且今后安装的插件会越来越多，特别是其中可能还包含一些用于解决疑难杂症的专用插件。手动让这些插件保持更新还是比较麻烦的，幸运的是，已经有一些现成的插件管理方案了。

当读者需要在多台机器之间切换，并希望 Vim 插件保持更新时，插件管理就显得非常重要了。

 在多台机器之间同步 Vim 配置的方法，请参见第 7 章。

Vim 的插件管理方式一直在与时俱进，网上也能找到很多插件管理器，不过并没有资料专门介绍如何选择插件管理器。本书作者多年来使用过不少插件管理器，通过本章的介绍，应该能够帮助读者获得足够的判断力。

3.2.1　vim-plug

vim-plug 是很有前景的插件管理器。这个插件管理器是轻量级的，它易用且兼容大量的插件。其 GitHub 仓库地址为 junegunn/vim-plug（它的帮助文件 README 非常友好，还想进一步偷懒的读者可以直接查看本节中的摘要）。

插件 vim-plug 有如下优点。

● 轻量级、单个文件且支持一些直观的安装选项。

● 支持并行插件加载（要求 Vim 编译带有 Python 或 Ruby 支持，这几乎已经是现代 Vim 的标配）。

● 支持大多数插件的延迟加载，即只为特定命令或文件类型触发必要的插件。

 第 2 章中介绍了手动安装插件。本节将提供一种更佳的插件安装体验，用过之后读者大概会选择把之前手动安装的插件都删除。Linux 系统中的删除命令为 rm -rf $HOME/.vim/pack，Windows 系统中为 rmdir /s %USERPROFILE%\vimfiles\pack。

安装 vim-plug 的方式非常简单。

● 下载插件文件。

● 保存为$HOME/.vim/autoload/plug.vim。

1. 为了从 GitHub 上下载文件，在 Linux 或 macOS 系统中可以使用 curl 或 wget 命令，或者直接在浏览器中打开链接，然后"右键->另存为"。比如，UNIX 用户可以用下列命令下载文件。

```
$ curl -fLo ~/.vim/autoload/plug.vim --create-dirs
https://raw.github.com/junegunn/vim-plug/master/plug.vim
```

2. 修改 .vimrc 文件，加入 vim-plug 初始化的代码，如下所示。

```
" 使用 vim-plug 管理插件
call plug#begin()
call plug#end()
```

3. 在这两行之间加入一些插件，其中的地址格式为 GitHub 地址的最后两部分（<用户名>/<仓库>，比如 https://github.com/scrooloose/nerdtree 记为 scrooloose/nerdtree），用于唯一标识插件，如下所示。

```
" 使用 vim-plug 管理插件
call plug#begin()

Plug 'scrooloose/nerdtree'
Plug 'tpope/vim-vinegar'
Plug 'ctrlpvim/ctrlp.vim'
Plug 'mileszs/ack.vim'
Plug 'easymotion/vim-easymotion'

call plug#end()
```

4. 保存 .vimrc 文件，然后重载（命令为 :w | source $MYVIMRC）或重启 Vim，以使这些修改生效。执行 :PlugInstall 来安装这些插件。然后上面提到的插件将会自动从 GitHub 上下载下来，如图 3.1 所示。

vim-plug 有两个主要的命令。

- :PlugUpdate 用于更新所有已安装的插件。

- :PlugClean 用于删除 .vimrc 中已经移除的插件。如果不执行 :PlugClean，则没有激活的插件（.vimrc 中删除或注释掉的那些 Plug...行）将仍然保存在文件系统中。

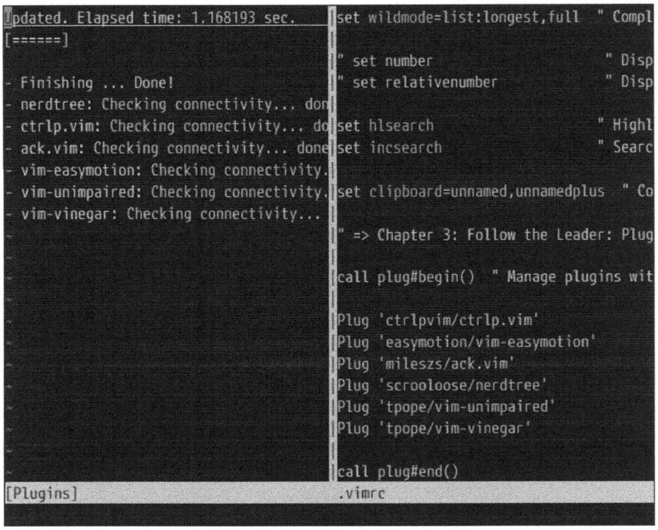

图 3.1

运行 :PlugUpdate 将更新 vim-plug 所管理的插件，但不包括它自己。如果想要更新 vim-plug，需要运行 :PlugUpgrade 命令，然后重载 .vimrc 文件（执行 :source $MYVIMRC 或重启 Vim）。

延迟加载是一种避免插件拖延 Vim 运行速度的有效技术，这一点可通过 Plug 指令的可选参数来实现。比如，如果想要在 :NERDTreeToggle 命令执行时再加载 NERDTree，可以使用 on 参数，示例如下。

```
Plug 'scrooloose/nerdtree', { 'on': 'NERDTreeToggle' }
```

如果只想对特定文件类型加载某个插件，可以使用 for 参数，如下所示。

```
Plug 'junegunn/goyo.vim', { 'for': 'markdown' }
```

由于 vim-plug 采用单文件安装方式，因此它的帮助文档并未安装到 Vim 中。如果想要用 :help vim-plug 来查看文档，则需要将 Plug 'junegunn/vim-plug' 添加到插件安装列表中，然后运行 :PlugInstall 命令。

在 vim-plug 的 GitHub 仓库 junegunn/vim-plug 中，读者可以在它的 README 文件中找到 vim-plug 支持的所有参数列表。

对于 Linux 或 macOS 系统用户（以及 Cygwin 用户），可以将下列代码添加到 .vimrc 文件中，当该 .vimrc 被移植到新机器上时，它会自动安装 vim-plug。

```
" 如果没安装过 vim-plug，则下载安装
if empty(glob('~/.vim/autoload/plug.vim'))
  silent !curl -fLo ~/.vim/autoload/plug.vim --create-dirs
    \https://raw.GitHub.com/junegunn/vim-plug/master/plug.vim
  autocmd VimEnter * PlugInstall --sync | source $MYVIMRC
endif
```

再次打开 Vim 时，vim-plug（以及所有用 Plug 指令列出的插件）就安装好了。

如果想要同时支持 Windows 和 UNIX 系统的配置，则代码会稍微长一些，请参考本书作者的博客。

3.2.2 荣誉推荐

除了 vim-plug，还有很多其他的插件管理方案。本节的介绍并不全面，而是侧重展示不同的插件管理风格。读者可以选择一款适合自己的，或者从网上搜索其他方案。

1. Vundle

Vundle 是 vim-plug 的前身（也许只是提供了灵感），它们有着相似的工作方式。比如，插件安装是同步的（不是后台运行），只不过 Vundle 的插件打包方式更重量级一些。另一个不同之处在于插件的搜索方式，Vundle 支持直接从 Vim 中搜索插件。此外，Vundle 还支持用户在安装插件之前先进行测试。Vundle 及其安装指令可以在它的 GitHub 仓库 VundleVim/Vundle.vim 中找到。

Vundle 和 vim-plug 的工作方式类似，:PluginInstall、:PluginUpdate 和 :PluginClean 这几个命令的作用相同。

Vundle 支持用 :PluginSearch <字符串>命令来搜索插件，这也许是 Vundle 最吸引人的功能了。目前，Vundle 还支持按插件名搜索。比如，可以用下列命令搜索注释管理插件。

```
:PluginSearch comment
```

然后，得到一个匹配列表，如图 3.2 所示。

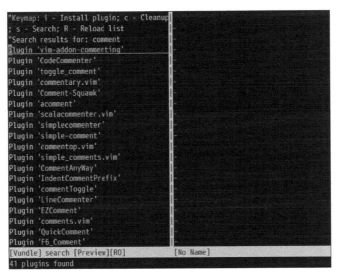

图 3.2

　　把光标移动到一个名为 tComment 的小插件上，它提供了一些与注释相关的快捷键。然后按 i 键（或执行:PluginInstall 命令），光标所在的插件就会被安装，之后插件即可在 Vim 中使用（无须提交或重载）。还有一个叫作 tComment 的插件，支持用 gcc 来对当前行注释或取消注释，读者可以打开一个文件尝试。

　　注意，上面的操作只是测试，并没有在 Vim 中永久安装插件，只有将这些插件添加到.virmc 文件中，才算正式安装。

2．手动方式

　　读者可能希望自己动手实现一个插件管理和存储方案，本书第 2 章也正是这么做的，只不过比较简单。

　　由于大部分插件都可以在 GitHub 上找到，因此使插件保持更新的主要方法是将它们安装成 Git 的子模块。如果读者熟悉 Git，可以在.vim 目录中初始化一个 Git 仓库，然后在此仓库中安装插件，作为 Git 仓库的子模块。

　　Vim8 提供了一种原生的插件加载方式，即在.vim/pack 目录中搜索插件目录树。Vim8 支持如下目录结构。

- .vim/pack/<目录名>/opt/中保存的插件用于手动加载

- .vim/pack/<目录名>/start/中保存的插件用于始终加载

如果读者想要深入了解每个插件目录的组织方式，请参考第 8 章。

首先，需要选择一个好记的名字，作为.vim/pack/的子目录。比如，plugins 就是一个不错的选择。

然后，<目录名>/start/目录用于存储那些总是需要加载的插件。

opt/目录中的插件只会在执行:packadd <目录名>命令之后再加载，因此可以在.vimrc 中用 packadd 命令有选择性地加载插件。opt/目录和 packadd 命令可以实现插件的延迟加载（与 vim-plug 相同）。

```
" 通过:Ack 命令来加载和运行 ack.vim 插件
command ! -nargs=* Ack :packadd ack.vim | Ack <f-args>
" 当打开 Markdown 文件时加载并运行 Goyo 插件
autcmd! filetype markdown packadd goyo.vim | Goyo
```

 如果读者选择这条路线，请参考第 7 章介绍的关于 Vim 配置的版本控制最佳实践。

此外，在.vimrc 中加入如下代码，可以加载所有插件的文档。

```
packloadall          " 加载所有插件
silent! helptags ALL " 为所有插件加载帮助文档
```

执行 packloadall 命令使 Vim 加载 start/目录中的所有插件（Vim 会在加载.vimrc 之后自动执行这个步骤，这里是提前执行）。helptags ALL 加载所有插件的帮助文档，而 silent!前缀则是为了隐藏加载帮助文档过程中的所有输出和错误信息。

读者可以通过 Git 子模块来自行管理插件（稍微有点麻烦），即用 Git 下载插件并保持更新。

首先，在.vim 目录中初始化一个 Git 仓库（只需要操作一次）。

```
$ cd ~/.vim
$ git init
```

然后，添加一个插件，比如 nerdtree，作为子模块。

```
$ git submodule add https://github.com/scrooloose/nerdtree.git
pack/plugins/start/nerdtree
$ git commit -am "Add NERDTree plugin"
```

每次更新插件时，执行下列命令。

```
$ git submodule update --recursive
$ git commit -am "Update plugins"
```

若要删除插件及相应的子模块，可执行下列命令。

```
$ git submodule deinit -f -- pack/plugins/start/nerdtree
$ rm -rf .git/modules/pack/plugins/start/nerdtree
$ git rm -f pack/plugins/start/nerdtree
```

3. Pathogen

本节可能更像是对 Pathogen 光荣历史的回顾。

从定义看，Pathogen 更像是一种 `runtimepath` 管理器，而非插件管理器。但在实践中，`runtimepath` 管理可以相当好地过渡为插件管理。在 Vim 8 之后，已经不再需要通过操作 `runtimepath` 来安装插件。不过，如果读者还在使用 Vim 8 之前的版本 Vim（或者不愿意使用重量级的包管理器），则 Pathogen 可以作为简便的插件管理器来使用。

Pathogen 是插件管理的先行者之一，并在很大程度影响了后来者。许多 Vim 用户至今仍在使用 Pathogen。

Pathogen 可以在它的 GitHub 仓库 `tpope/vim-pathogen` 中找到。

3.2.3　分析运行慢的插件

Vim 使用得越久，安装的插件可能也会越多。有时候，这些插件会导致 Vim 运行速度减慢。Vim 运行速度慢的根源通常是某个未优化的插件，原因可能是插件的缺陷或插件与系统之间独特的交互方式。为此，本节将介绍 Vim 内置的插件分析功能，它可以用于检测这些问题。

1. 启动时间分析

Vim 启动时，若加上 `--startuptime <文件名>` 选项，则 Vim 会将启动时的每个行为记录到一个文件中。比如，下列命令将启动日志记录到文件 `startuptime.log` 中。

```
$ vim --startuptime startuptime.log
```

gVim 也可以用类似的方式启动：gVim --startuptime startuptime.log。这个命令行对于 Windows 和 Linux 都是一样的。

退出 Vim，打开 startuptime.log，会看到如图 3.3 所示的结果（为方便阅读，部分内容用<...>表示）。

```
times in msec
 clock   self+sourced   self:  sourced script
 clock   elapsed:              other lines

000.005  000.005: --- VIM STARTING ---
000.086  000.081: Allocated generic buffers
<...>
009.012  000.936  000.459: sourcing /usr/local/share/vim/vim81/colors/murphy.vim
010.633  001.542  001.542: sourcing /home/ruslan/.vim/autoload/plug.vim
<...>
017.917  017.005  001.936: sourcing $HOME/.vimrc
017.919  000.125: sourcing vimrc file(s)
018.399  000.201  000.201: sourcing /home/ruslan/.vim/plugged/ctrlp.vim/autoload
018.599  000.565  000.364: sourcing /home/ruslan/.vim/plugged/ctrlp.vim/plugin/c
023.826  005.161  005.161: sourcing /home/ruslan/.vim/plugged/vim-easymotion/plu
024.099  000.194  000.194: sourcing /home/ruslan/.vim/plugged/ack.vim/plugin/ack
035.689  011.532  011.532: sourcing /home/ruslan/.vim/plugged/vim-unimpaired/plu
036.010  000.255  000.255: sourcing /home/ruslan/.vim/plugged/vim-vinegar/plugin
036.313  000.073  000.073: sourcing /usr/local/share/vim/vim81/plugin/getscriptP
<...>
041.281  000.319: first screen update
041.283  000.002: --- VIM STARTED ---
```

图 3.3

在图 3.3 中，可以看到一些时间戳（大部分用三列表示），时间戳后面是相应的行为。时间戳的单位是毫秒，第一列表示自 Vim 启动后的毫秒数，第三列表示每个行为占用的时长。第三列是我们最感兴趣的，可以从中发现异常。

在此例中，并没有任何特别慢的插件。不过，还是可以看到最慢的插件为 vim-unimpared（加载时间 011.532，约 11ms）。只有当插件的加载时间达到 500ms（半秒）以上时，才会在 Vim 启动时明显感觉到慢。

2．特定行为的分析

有时候，读者会发现 Vim 中的某个行为比较慢，这时可以对特定几个行为进行分析。

这里设计了一种典型的场景。从 GitHub 下载 Python 和 Vim 仓库，然后尝试运行 CtrlP 插件提供的:CtrlP 命令（参见第 2 章）。:CtrlP 命令将试图从当前目录开始递归为所有文件建立索引，对于文件数众多的这两个仓库而言，速度显然是非常慢的。

为了分析这个行为，在启动 Vim 后，执行如下几条命令。

```
:profile start profile.log
:profile func *
:profile file *
```

Vim 将分析这里执行的每个行为。当一个命令运行速度较慢时，比如这里的 :CtrlP 命令（或按 Ctrl + P 组合键）。等待这个操作完成之后，退出 Vim（:q）。

用 Vim 打开 profile.log 文件，可以看到如图 3.4 所示的界面（如果想折叠部分内容，可以设置 set foldmethod=indent，这对于浏览大型文件特别有用）。

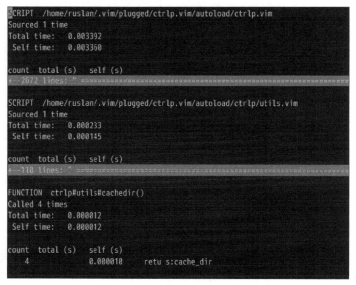

图 3.4

按 G 键跳转到文件结尾，可以看到一个排好序的函数列表，排序依据为执行所需的时间，如图 3.5 所示。

图中大部分运行速度较慢的函数都以 ctrlp# 开头，显然 CtrlP 是拖延 Vim 运行速度的罪魁祸首（事实上确实如此）。如果从这里看不出这些函数的来源，可以通过函数名来搜索它们源自于哪些文件。比如，<SNR>29_GlobPath() 需要约 3.9s，把光标置于此函数名上，按 * 键搜索光标所在的单词，结果如图 3.6 所示。

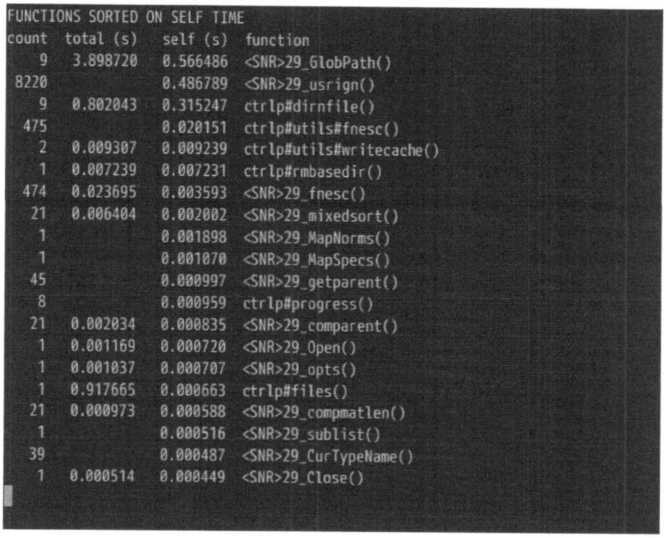

```
FUNCTIONS SORTED ON SELF TIME
count  total (s)   self (s)  function
    9   3.898720   0.566486  <SNR>29_GlobPath()
 8220              0.486789  <SNR>29_usrign()
    9   0.802043   0.315247  ctrlp#dirnfile()
  475              0.020151  ctrlp#utils#fnesc()
    2   0.009307   0.009239  ctrlp#utils#writecache()
    1   0.007239   0.007231  ctrlp#rmbasedir()
  474   0.023695   0.003593  <SNR>29_fnesc()
   21   0.006404   0.002002  <SNR>29_mixedsort()
    1              0.001898  <SNR>29_MapNorms()
    1              0.001070  <SNR>29_MapSpecs()
   45              0.000997  <SNR>29_getparent()
    8              0.000959  ctrlp#progress()
   21   0.002034   0.000835  <SNR>29_comparent()
    1   0.001169   0.000720  <SNR>29_Open()
    1   0.001037   0.000707  <SNR>29_opts()
    1   0.917665   0.000663  ctrlp#files()
   21   0.000973   0.000588  <SNR>29_compmatlen()
    1              0.000516  <SNR>29_sublist()
   39              0.000487  <SNR>29_CurTypeName()
    1   0.000514   0.000449  <SNR>29_Close()
```

图 3.5

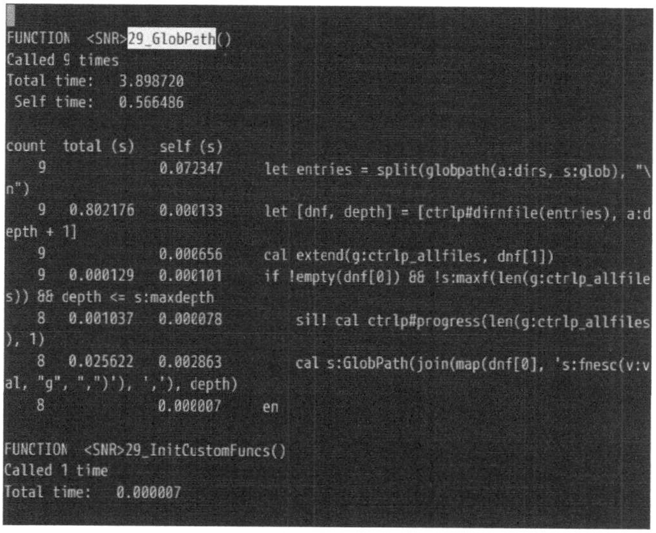

```
FUNCTION  <SNR>29_GlobPath()
Called 9 times
Total time:   3.898720
 Self time:   0.566486

count  total (s)   self (s)
    9              0.072347     let entries = split(globpath(a:dirs, s:glob), "\
n")
    9   0.802176   0.000133     let [dnf, depth] = [ctrlp#dirnfile(entries), a:d
epth + 1]
    9              0.000656     cal extend(g:ctrlp_allfiles, dnf[1])
    9   0.000129   0.000101     if !empty(dnf[0]) && !s:maxf(len(g:ctrlp_allfile
s)) && depth <= s:maxdepth
    8   0.001037   0.000078         sil! cal ctrlp#progress(len(g:ctrlp_allfiles
), 1)
    8   0.025622   0.002863         cal s:GlobPath(join(map(dnf[0], 's:fnesc(v:v
al, "g", ",")'), ','), depth)
    8              0.000007     en

FUNCTION  <SNR>29_InitCustomFuncs()
Called 1 time
Total time:   0.000007
```

图 3.6

从图 3.6 中可以看出 CtrlP 引用这个函数的次数，从引用情况来看，这个函数很有可能与插件的延迟加载有关。

因此，`profile.log` 可用于深入分析哪个插件最有可能导致 Vim 运行缓慢。

3.3　模式详解

前面的章节中出现过一些 Vim 模式，本节将详细介绍这些模式，以及其他本书未涉及的模式。前面已经介绍过，Vim 利用不同的模式来响应不同的用户输入：在正常模式和插入模式下按同一个键会出现不同的结果，命令模式也是如此。

Vim 有 7 种主模式，理解每一种模式的用途非常重要，有助于读者更好地掌握 Vim 的方方面面。

3.3.1　正常模式

用户使用较多的 Vim 模式是正常模式（normal mode）。打开 Vim 时默认为正常模式，在其他模式中按一次 Esc 键（有时候需要按两次），也会返回正常模式。

3.3.2　命令行模式和 ex 模式

命令行模式（command-line mode）的进入方式是输入冒号（:）（或者用/或?进行搜索），进入命令行模式之后，读者可以输入一条命令，然后按 Enter 键执行命令。命令行模式提供了以下几个常用的快捷键。

- 上下箭头键（或 Ctrl + p 组合键和 Ctrl + n 组合键）可以逐个命令地浏览历史记录。

- Ctrl + b 组合键和 Ctrl + e 组合键可以跳转到命令的开头（beginning）和结尾（ending）。

- Shift 键和 Ctrl 键结合左右箭头键可以逐个单词移动光标。

Ctrl + f 也是一个非常有用的快捷键，它可以打开一个可编辑的命令行窗口，其中显示的是之前运行过的命令的历史记录，如图 3.7 所示。

命令历史记录窗口只是普通的缓冲区，读者可以在其中找到曾经执行过的命令，并进一步编辑（使用 Vim 中正常的文本编辑方式），然后再次执行。按 Enter 键可以执行光标所在的命令行，按 Ctrl + c 组合键可以编辑此缓冲区。

查看帮助文档:help cmdline-editing 可以了解到更多命令行模式的使用方法。

Vim 还有一个命令行模式变体，称为 ex 模式，进入方式是按 Q 键。ex 模式是为了兼容 Vim 的前身 Ex。`ex` 模式支持执行多个命令而无须退出，但这个模式现在已经很少使用。

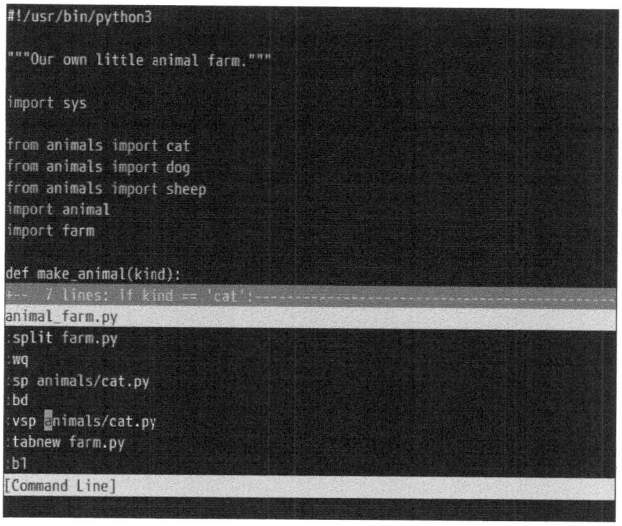

图 3.7

3.3.3 插入模式

插入模式（insert mode）用于输入文本，除此之外没有其他功能。按 `Esc` 键可返回到正常模式，大部分工作其实是在正常模式下完成的。在插入模式下，也可以使用 `Ctrl + o` 组合键来执行正常模式下的命令，然后再回到插入模式。

在状态栏上，插入模式的标识文本为--INSERT--。

3.3.4 可视模式和选择模式

Vim 的可视模式（visual mode）支持文本的任意选择（通常用于执行某些操作）。如果需要选择的文本不属于已定义的文本对象（单词、句子和段落等），则这个模式非常有用。进入可视模式有以下几种方式。

- `v` 进入字符可视模式（状态栏标文本--VISUAL--）。
- `V` 进入行可视模式（状态栏标识文本--VISUAL LINE--）。
- `Ctrl + v` 组合键进入块可视模式（状态栏标识文本--VISUAL BLOCK--）。

一旦进入可视模式，读者可以通过常用的移动命令来移动光标，从而扩展选择范围。

在下面的示例中，先进入字符可视模式，然后将光标向右移动 3 个单词和 1 个字符的位置（按 3e 键和 l 键）。可以看到，animal_farm.add_animal() 在可视模式中被选中了，如图 3.8 所示。

```
def main(animals):
    animal_farm = farm.Farm()
    for animal_kind in animals:
        animal_farm.add_animal(make_animal(animal_kind))
    animal_farm.print_contents()

if __name__ == '__main__':
    if len(sys.argv) == 1:
        print('Pass at least one animal type!')
        sys.exit(1)
    main(sys.argv[1:])
-- VISUAL --
```

图 3.8

可通过如下操作来控制可视模式下的文本选择。

● 按 o 键跳转到高亮选中的文本的另一端（因而支持在另一端控制选择的范围）。

● 对于块可视模式，按 o 键可跳转到当前行的另一端。

在读者确定文本的选择范围后，可以对这部分文本执行任意的文本操作命令。比如，按 d 键可删除选中的文本，如图 3.9 所示。

```
def main(animals):
    animal_farm = farm.Farm()
    for animal_kind in animals:
        make_animal(animal_kind))
    animal_farm.print_contents()

if __name__ == '__main__':
    if len(sys.argv) == 1:
        print('Pass at least one animal type!')
        sys.exit(1)
    main(sys.argv[1:])
```

图 3.9

在图中，Vim 又回到了正常模式（--VISUAL-未出现在状态栏），而选中的文本也被删除了。当然，即使不执行任何操作，也可按 Esc 键回到正常模式。

 在可视模式下，文本对象也是非常强大的工具。详情参见第 2 章。

Vim 还有一个**选择模式**（select mode），它模拟的是其他编辑器中的选择模式：输入任意可打印字符可立即删除选中文本，然后进入插入模式（所以这时常用的移动命令已经失去作用）。这个模式和 ex 模式相同，只应用于特定和受限的场合。事实上，本书的作者也从未使用过这个模式，这里只是为了内容的完整性才进行介绍。

读者可以在正常模式下按 gh 键进入选择模式，也可以在可视模式下按 Ctrl + g 组合键，退出方式为按 Esc 键。

3.3.5 替换模式和虚拟替换模式

在其他编辑器里，按 Insert 键进入替换模式，其效果是擦除其他文本。在 Vim 下，替换模式也类似，输入的文本会覆盖已有的文本（而不像插入模式下，输入文本会移动已有文本）。当读者不想改变原始文件中的字符数时，这种模式非常有用。

替换模式的进入方式是按 R 键，如图 3.10 所示。

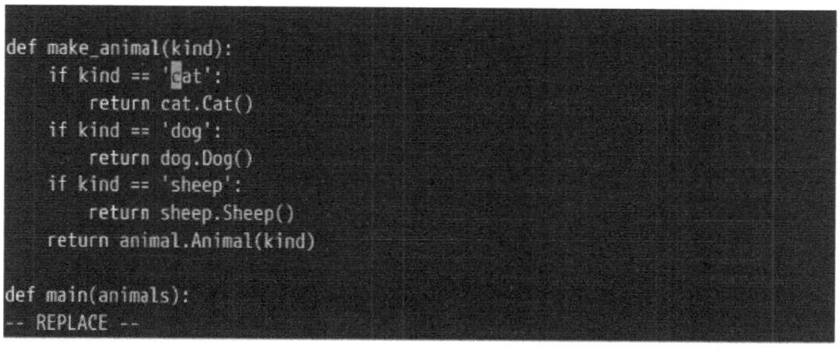

图 3.10

替换模式在状态栏上的标识文本为--REPLACE--。在替换模式下，读者可以体验替换文本的效果，如图 3.11 所示。

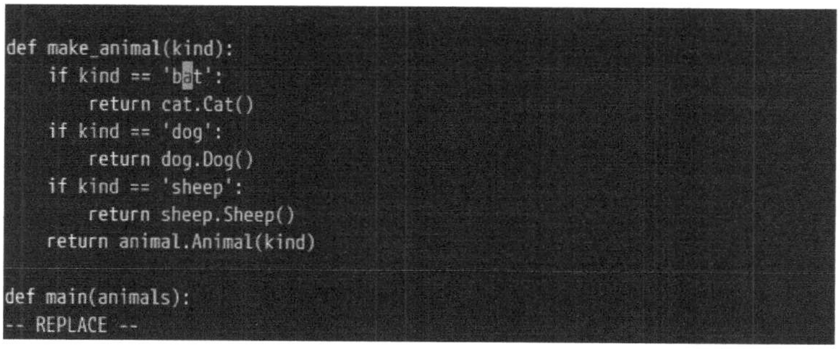

图 3.11

按 Esc 键可退出替换模式，并返回到正常模式。

读者可按 r 键进入单字符替换模式，在此模式下，替换单个字符后会马上切换回正常模式。

Vim 还提供了虚拟替换模式，它和替换模式类似，只不过操作的对象是屏幕上的显示，而非直接针对文件中的字符。主要的区别包括 Tab 键会替换多个字符（而替换模式下只会替换单个字符）；按 Enter 键不会新增一行，但会移动到下一行。虚拟替换模式的进入方式是输入 gR，详情参见帮助文档 :help vreplace-mode。

3.3.6　终端模式

终端模式（terminal mode）出现在 Vim 8.1 版本中，此模式支持在一个分割窗口中运行一个终端环境。进入终端模式的命令如下。

```
:terminal
```

 :terminal 命令可简化为 :term。

:terminal 命令会在水平分割窗口中打开系统的命令行系统（Linux 系统中为默认的 Shell，Windows 系统中为 cmd.exe），如图 3.12 所示。

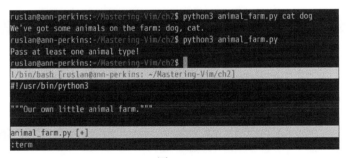

图 3.12

终端模式中封装了系统的终端，读者可以像往常一样使用命令行。这个终端窗口与其他窗口类似（可以用 Ctrl + w 命令进行切换），只不过此窗口中只有插入模式。读者可以考虑使用 Linux 或 macOS 系统下的 tmux 命令或 screen 命令，与 Vim 的终端模式配合使用。

读者还可以使用 :term 执行单个命令，并把输入存放于一个缓冲区中。比如，可以用如下方式运行 animal_farm.py。

```
:term python3 animal_farm.py cat dog
```

此命令将出现在一个水平分割的窗口中，如图 3.13 所示。

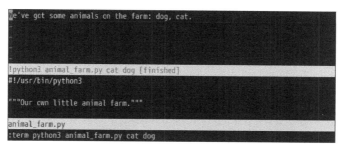

图 3.13

3.4 命令的重映射

只要是愿意使用插件的读者，都会希望对 Vim 中的命令进行重映射，以满足自己进一步的需求。那些插件往往是由不同的人编写的，而每个人的工作流程往往也不同。Vim 本身则是无穷可扩展的，几乎支持每一个操作的重映射，读者可以任意改变默认行为，从而让 Vim 彻底为己所用。本节介绍的就是命令的重映射。

Vim 支持将某些键映射为其他键，:map 和:noremap 提供了这样的功能。

● :map 用于递归映射。

● :noremap 用于非递归映射。

这意味着经:map 重映射的命令可以识别自定义映射，而:noremap 则针对系统默认映射。

当读者决定创建一个新映射时，最好先确认一下此键或按键序列是否已经被映射为其他用途了。内置的按键绑定列表可通过:help index 命令查看。而:map 命令则可以查看插件和读者自定义的映射。比如，:map g 将显示所有以 g 键开头的映射。

比如，在.vimrc 文件中将按如下方式自定义映射。

```
noremap ; :    " 用分号取代默认的冒号，用于输入命令
```

这样，分号将承担冒号的功能。读者也就无须在每次切换命令行模式时按 Shift 键了。不过，这样做也有坏处，那就是没有命令可用于重复最后的 t、f、T 或 F 操作（这 4 个命令用于查找字符）。

这里使用 noremap 表示希望用分号进入命令行模式，而无论冒号是否已经被重映射都不会影响这一点。

 如果想显式移除自定义或插件定义的映射，可使用 :unmap 命令。还有一个重要选项是 :mapclear，它会将读者定义的映射和默认映射都清除掉。

读者还可以在映射中使用特殊字符和命令，比如下列代码。

```
"noremap <c-u> :w<cr> " 使用<Ctrl-u>来保存文件（u 表示更新）
```

上述例子中，<c-u>表示 Ctrl + u 组合键。Vim 中的 Ctrl 修饰符表示为<c-_>，其中_为某个字符。其他修饰符键也用类似的方式表示。

● <a-_>或<m-_>表示 Alt 键加上某个键，比如<m-b>表示 Alt + b 组合键。

● <s-_>表示 Shift 键加某个键，比如<s-f>表示 Shift + f 组合键。

注意，命令后面接<cr>表示回车（Enter 键）。如果没有按 Enter 键，则命令虽然输入了，却不会被执行，读者会停留在命令行模式下（除非读者希望如此）。

另外，这里还列出一些可能用得上的特殊字符。

● <space>表示空格。

● <esc>表示 Esc 键。

● <cr>和<enter>表示 Enter 键。

● <tab>表示制表符 Tab 键。

● bs 表示退格键。

● <up>、<down>、<left>和<right>表示箭头键。

● <pageup>、<pagedown>表示上下翻页键。

● <f1>～<f12>表示 12 个功能键。

● <home>、<insert>、<del>和<end>分别表示 Home、Insert、Delete 和 End 键。

读者还可以将一个键映射为<nop>（无操作 no operation 的缩写），表示这个键不起任何作用。有时候，读者希望习惯使用 hjkl 风格的光标移动方式，而禁止自己使用箭头键，这个映射此时会派上用场。读者可以在 .vimrc 中加入如下配置。

```
" 禁止箭头键功能，使自己习惯 hjkl 风格
"map <up> <nop>
"map <down> <nop>
"map <left> <nop>
"map <right> <nop>
```

模式感知的重映射

:map 命令和:noremap 命令都可用于正常模式、可视模式、选择模式和操作待决模式（operator pending mode）。不过，Vim 还支持更细粒度的映射控制方式，读者可针对每一种模式分别定义映射。

- :nmap 和:nnoremap 用于正常模式。

- :vmap 和:vnoremap 用于可视和选择模式。

- :xmap 和:xnoremap 用于可视模式。

- :smap 和:snoremap 用于选择模式。

- :omap 和:onoremap 用于操作待决模式。

- :map!和:noremap!用于插入和命令行模式。

- :imap 和:inoremap 用于插入模式。

- :cmap 和:cnoremap 用于命令行模式。

> Vim 通常使用感叹号强制执行命令，或为命令添加额外的功能，详细参见帮助文档:help!。

如果读者希望添加一些映射来改变插入模式的行为，可以通过如下配置实现。

```
" 在插入模式下加入一对引号或括号
"inoremap ' ''<esc>i
"inoremap " ""<esc>i
"inoremap ( ()<esc>i
"inoremap { {}<esc>i
"inoremap [ []<esc>i
```

在上面的例子中，插入模式下的默认按键行为被改变。比如，按左方括号键，会插入一对方括号，然后进入插入模式，并将光标置于这两个括号之间。

3.5　先导键

本书前面已经提到过先导键（leader key），它本质上是读者或插件定义的快捷方式的命名空间。先按先导键，然后按下的任何键都来自于该命名空间。

默认的先导键为反斜线\，但这个键使用起来不太方便。在 Vim 社区中有几个替代的方案，其中逗号是较流行的。为重新绑定先导键，需要在 .vimrc 文件中加入如下设置。

```
" 将先导键重新映射为逗号
"let mapleader = ','
```

先导键的设置应该放在 .vimrc 的顶部，因为新定义的先导键只会在定义之后生效。

 当重新绑定一个键时，该键原来的默认行为就会被覆盖。比如，逗号本来用于反方向重复执行最后一次 t、f、T 或 F 操作。

本书推荐的先导键是空格键。因为这个键足够大，而且在正常模式下并没有什么实际的用途（只不过是在功能上模拟了右箭头键）。

```
" 将先导键映射为空格键
"let mapleader = "\<space>"
```

 这里<space>之前的转义符\是必要的，因为 mapleader 变量中不含特殊字符（如空格符）。对于这个转义来说，只能用双引号，而不能是单引号，因为单引号中只能存字面量字符串，而不含转义字符。

然后，读者就可以在 .vimrc 中使用先导键<leader>了，比如下列代码。

```
" 用 leader-w 保存文件
"noremap <leader>w :w<cr>
```

有时，读者会希望用先导键来配置插件的功能，使插件的快捷键更容易记忆，比如下列代码。

```
"noremap <leader>n  :NERDTreeToggle<cr>
```

3.6　插件的配置

Vim 插件通常会提供一些命令来绑定快捷键,或提供一些变量用于控制插件的行为。因此,在使用一个插件时,查看它提供了哪些命令和选项是一个好习惯。读者可以将命令绑定到方便记忆的快捷键上,这会有助于记住插件的用法。

Vim 支持全局变量,其主要用途是配置插件。全局变量通常以 g: 为前缀。通过 :help <插件名> 命令查看插件文档,可以找到它提供了哪些配置选项。

比如,打开 CtrlP 插件的帮助文档(运行 :help ctrlp 命令),并搜索 options(运行 /options 命令),可以得到如图 3.14 所示的结果。

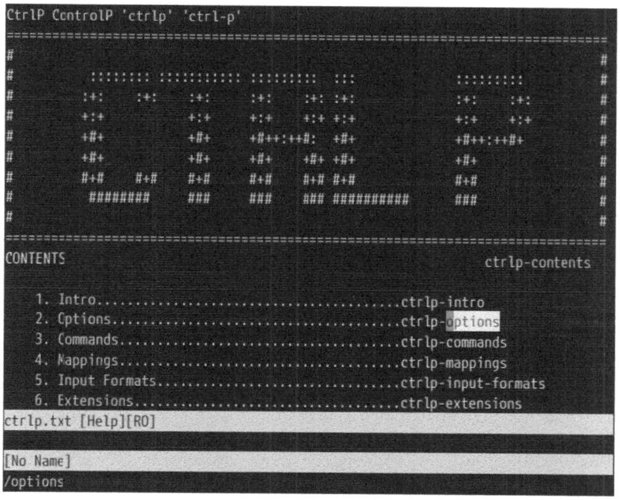

图 3.14

　CtrlP 插件的更多详情参见第 2 章。

打开 ctrlp-options 链接(按 Ctrl+] 组合键)可以得到一个选项列表,如图 3.15 所示。

进一步查看其中一个选项,比如 ctrlp_working_path_mode。将光标移动到此链接上,然后按 Ctrl +]组合键打开链接,如图 3.16 所示。

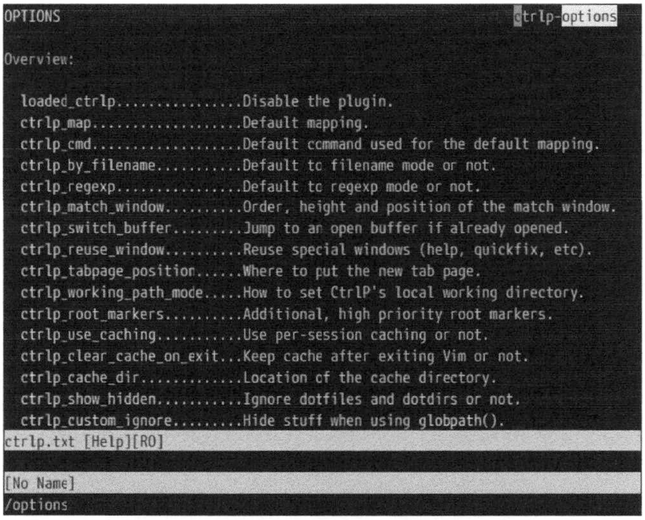

图 3.15

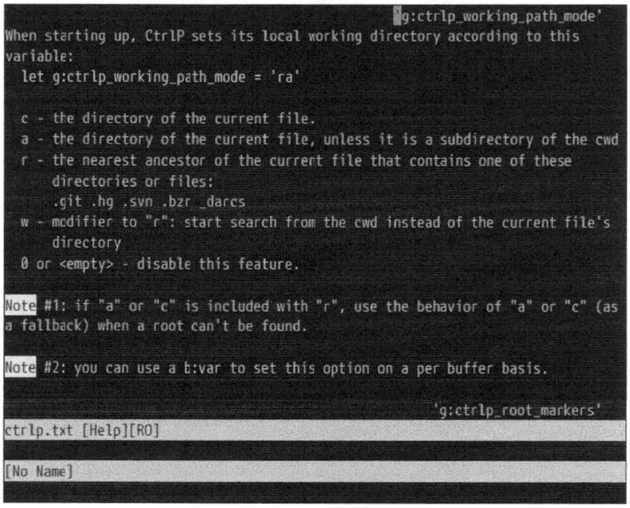

图 3.16

从图 3.16 来看，ctrlp_working_path_mode 选项貌似用于控制 CtrlP 本地工作目录的设置方式。如果要寻找 Git 工程的根目录（找不到则返回当前工作目录），则可以将此选项设置为 ra，即在 .vimrc 中加入如下设置。

```
"   将 CtrlP 的工作目录设置为仓库根目录（找不到则回退为当前目录）
"let g:ctrlp_working_path_mode = 'ra'
```

将插件的所有选项都浏览一遍需要花费不少时间，不过，这个努力是值得的。因为，读者的工作效率可能会因此提高，甚至有可能完全改变该插件的使用方式。

先导键在配置插件时尤其有用，因为它可以为插件提供完整的命名空间。有些插件已经在其默认快捷键中绑定了先导键，但也有很多没有使用先导键，读者可以设置自己熟悉的快捷键。

比如，CtrlP 的所有模式都可以仅用两个按键访问。

```
"   用先导键重新映射 CtrlP 的行为
"noremap <leader>p :CtrlP<cr>
"noremap <leader>b :CtrlPBuffer<cr>
"noremap <leader>m :CtrlPMRU<cr>
```

花费一点时间优化快捷键绑定或自定义插件选项很有必要，一点小小的投入和思考就可以让 Vim 的配置发挥最大的作用。

3.7 小结

本章介绍了管理插件的几种不同方式，其中 vim-plug 是一种轻量级的插件管理器，支持插件的异步安装和更新。vim-plug 的前身 Vundle 也支持新插件的搜索和临时安装。本章还介绍了一种手动的插件安装方式，因为 Vim 8 引入了一种插件加载方式，从而无须手动修改每个插件的 runtimepath。对于低于 Vim 8 版本，读者仍然可以使用 Pathogen，它提供了一种自动执行部分 runtimepath 操作的方法。

本章介绍了两种分析 Vim 性能的方法：--startuptime 选项和:profile 命令。

本章介绍了 Vim 的主要模式：正常模式、命令行模式和 ex 模式、插入模式、可视模式和选择模式、替换模式和虚拟替换模式，以及终端模式。

本章还介绍了如何通过重新映射命令来定制 Vim。不同的用户习惯使用不同的快捷键组合。Vim 支持根据不同的模式映射不同的快捷键，即同一个按键在不同的模式下可以有不同的意义。先导键支持创建一个全新的命名空间，可以用于插件和用户自定义的命令。

本章还介绍了如何通过定制插件的配置选项来充分使用插件，以及通过为插件添加快捷键来改进工作流程。

第 4 章将介绍代码自动补全、用标签浏览大型代码库以及浏览 Vim 的撤销树。

第 4 章
理解文本

当代码库越来越庞大时，代码文件之间的跳转也会变得更加困难。幸运的是，Vim 拥有一些浏览复杂代码结构的功能。

本章将涉及如下主题。

- 利用 Vim 内置的自动补全功能和相关插件对代码自动补全。
- 使用 Exuberant Ctags 浏览大型代码库。
- 使用 Gundo 浏览 Vim 复杂的撤销树。

4.1　技术要求

本章将继续使用本书的样例工程作为文本浏览的示例，读者仍然需要通过修改 `.vimrc` 来对 Vim 进行设置。本章所有的资料都可以在官方 GitHub 仓库 `PacktPublishing/Mastering-Vim` 中找到。

4.2　代码自动补全

代码自动补全是现代集成开发环境（IDE）的一项极其吸引人的功能。通过自动补全，读者可以在 IDE 中避免拼写错误，而且无须反复输入和记忆冗长复杂的变量名。

Vim 已经内置了自动补全功能，还有一些插件进一步扩展了这个功能。

4.2.1 内置自动补全

Vim 支持在打开的缓冲区中对单词进行简单的自动补全，这个功能从 Vim 7 开始默认启用。输入一个函数名的开始几个字符，然后按 Ctrl + n 组合键，Vim 会弹出一个自动补全列表。然后用 Ctrl + n 和 Ctrl + p 组合键可以在这个列表中上下移动，以选择合适的备选项。比如，打开 animal_farm.py 文件，进入插入模式，输入 make_animal 的前两个字符 an，然后按 Ctrl + n 组合键，自动补全列表中会出现如图 4.1 所示的几个选项。

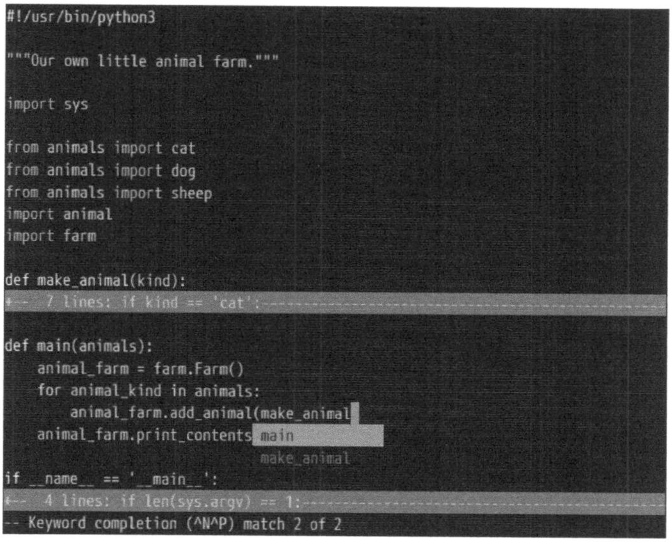

图 4.1

如果继续输入，列表则会消失。

事实上，Vim 有一个**插入—补全模式**，此模式支持多种类型的补全。先按 Ctrl + x 组合键，然后按下列快捷键之一。

- Ctrl + i：用于补全整行。

- Ctrl + j：用于补全标签。

- Ctrl + f：用于补全文件名。

- s：基于拼写建议的补全（要求设置 :set spell）。

本节中仅列出了部分常用命令，其他关于自动补全的完整命令列表请参见帮助文档:help ins-completion。每个人的工作流程都是独一无二的，除非亲自操作，否则无法预知哪些命令对自己是最有用的。读者还可以查看:help 'complete'，'complete'选项用于控制 Vim 补全建议的来源（默认为缓冲区、标签文件和头文件）。

4.2.2　YouCompleteMe 插件

YouCompleteMe 插件扩展了 Vim 内置的自动补全引擎，而且还增添了大量新功能，下面是 YouCompleteMe 优于内置自动补全的几个重要功能。

- 支持程序语言感知的自动语义补全；YouCompleteMe 更能理解代码的语义。

- 补全建议的智能排序和过滤。

- 能够显示代码文档、重命名变量、自动格式化代码以及修正某些类别的输入错误（这个功能与具体的语言有关，参见官方 GitHub 仓库 Valloric/YouCompleteMe）。

1. 安装

首先，确保安装了 cmake 和 llvm，因为 YouCompleteMe 需要编译代码。

```
$ sudo apt-get install cmake llvm
```

 对于 Windows 用户，可以分别下载 cmake 和 llvm。YouCompleteMe 要求 Vim 编译有+python 支持，可以通过 vim --version | grep python 来确认。如果看到了-python，则需要重新编译 Vim，使它支持 Python。

如果使用 vim-plug 插件管理器，则可在.vimrc 中加入如下设置。

```
let g:plug_timeout = 300 " 为 YouCompleteMe 增加 vim-plug 的超时时间
Plug 'Valloric/YouCompleteMe', { 'do': './install.py' }
```

保存.vimrc，然后执行如下命令。

```
:source $MYVIMRC | PlugInstall
```

安装过程可能会持续一段时间，这取决于计算机的性能。安装成功时可以看到如图 4.2 所示的欢迎界面。

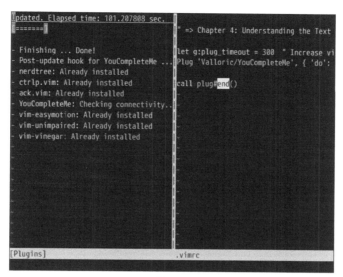

图 4.2

如果遇到错误，比如 C++: internal compiler error: Killed (program cc1plus)，则很可能是由于机器的内存不够用，导致无法完成编译。在 Linux 系统中，可通过内存交换操作来增加可用内存空间。

```
$ sudo dd if=/dev/zero of=/var/swap.img bs=1024k count=1000
$ sudo mkswap /var/swap.img
$ sudo swapon /var/swap.img
```

2. 使用 YouCompleteMe

YouCompleteMe 并没有新增太多快捷键，因此读者比较容易适应。（进入插入模式，开始编辑。）

如图 4.3 所示，自动补全列表会自动弹出来。按 Tab 键会循环遍历所有建议。此外，如果 YouCompleteMe 能够查找函数定义，并且找到的函数支持文档字符串，则会在窗口顶部显示一个预览窗口，如图 4.4 所示。

```
#!/usr/bin/python3

"""Our own little animal farm."""

import sys

from animals import cat
from animals import dog
from animals import sheep
import animal
import farm                    make_animal [ID]
                              main       [ID]
def make_animal(kind):        animal     [ID]
+-- 7 lines: if kind == 'cat  Animal     [ID]
                              animals    [ID]
                              animal_farm [ID]
def main(animals):            animal_kind [ID]
    animal_farm = farm.Farm() add_animal [ID]
    for animal_kind in animals
        animal_farm.add_animal(ma
    animal_farm.print_contents()

if __name__ == '__main__':
+-- 4 lines: if len(sys.argv) == 1:
-- INSERT --
```

图 4.3

```
make_animal(kind)

Create an animal class.
[Scratch] [Preview]
import sys

from animals import cat
from animals import dog
from animals import sheep
import animal
import farm

def make_animal(kind):
+-- 8 lines: """Create an animal class."""

def main(animals):
    animal_farm = farm.Farm()
    for animal_kind in animals:
        animal_farm.add_animal(make_animal
    animal_farm.print_contents  make_animal [ID]

if __name__ == '__main__':
animal_farm.py [+]
-- INSERT --
```

图 4.4

预览窗口只在 YouCompleteMe 使用语义自动补全引擎时显示。语义自动补全引擎可通过在插入模式下输入句点 . 来启动，或者通过 Ctrl +空格组合键来手动启动。

对于 Python，YouCompleteMe 还支持函数定义的跳转。在 .vimrc 中添加如下快捷键映射。

```
noremap <leader>] :YcmCompleter GoTo<cr>
```

现在，只要把光标放在某个函数调用上，然后按住先导键（默认是反斜线\）和]，Vim 就会将光标跳转到函数定义，如图 4.5 所示。

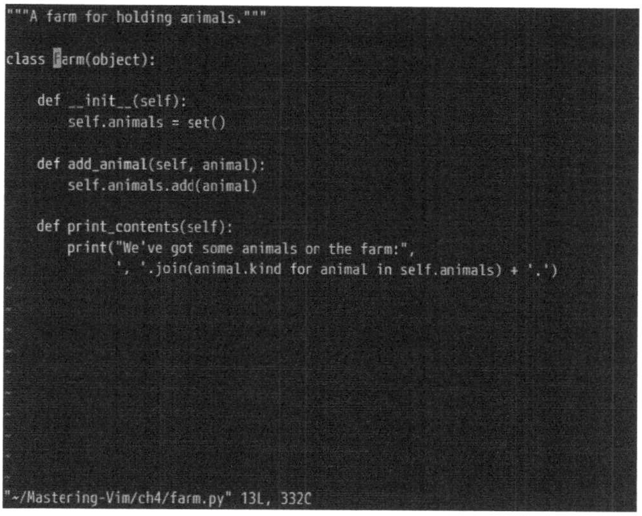

图 4.5

YouCompleteMe 并不是唯一的自动补全工具，不过本书推荐使用它完成自动补全工作（它也是编写本书时最流行的工具）。除此之外，还有其他可以替代的工具，可在网络上搜索 Vim autocomplete 来查找。

4.2.3　用标签浏览代码库

浏览代码库常常需要明确某个方法怎样定义，以及某个方法在哪出现。

Vim 自带了在同一文件中浏览变量定义的功能。将光标置于一个单词上，输入 gd 可以跳转到该变量的定义处。比如，打开 animal_farm.py，将光标放在第 26 行的 make_animal 开头处。然后输入 gd，光标会跳转到第 13 行，即函数的定义处，如图 4.6 所示。

gd 会优先查看局部变量声明，而 gD 会查看全局声明（从文件开头开始查找，而不仅限于当前作用域）。

```
  1 #!/usr/bin/python3
  2
  3 """Our own little animal farm."""
  4
  5 import sys
  6
  7 from animals import cat
  8 from animals import dog
  9 from animals import sheep
 10 import animal
 11 import farm
 12
 13 def make_animal(kind):
 14 +-- 8 lines: """Create an animal class."""
 22
 23 def main(animals):
 24     animal_farm = farm.Farm()
 25     for animal_kind in animals:
 26         animal_farm.add_animal(make_animal(animal_kind))
 27     animal_farm.print_contents()
 28
 29 if __name__ == '__main__':
 30 +-- 4 lines: if len(sys.argv) == 1:
```

图 4.6

此功能并没有考虑语法，因为 Vim 本身并不了解代码的语义结构。不过，Vim 支持标签功能。标签文件中可存储程序代码的语义和结构关键词，供 Vim 检索。比如，Python 的常用标签关键词包括类、函数和方法。

1. Exuberant Ctags

Exuberant Ctags 是一种用于生成标签文件的外部工具。

 如果读者使用的是 Debian 系的 Linux 发行版，则可以用命令行 sudo apt-get install ctags 或 sudo apt install ctags 来安装 Ctags。

Ctags 提供了命令行工具 ctags，它可以为代码库生成一个标签文件。在命令行中进入一个工程，执行如下命令。

```
$ ctags -R
```

当前目录下会出现一个 tags 文件。

读者可以在 .vimrc 中加入如下选项。

```
set tags=tags;    " 在父目录中递归查找 tags 文件
```
此选项会使 Vim 在父目录中递归查找 tags 文件，从而确保整个工程使用同一个标签文件。分号;的作用是使 Vim 持续查找，直到找到一个 tags 文件。

在 Vim 中打开 `animal_farm.py` 文件，将光标置于某个语义关键字上，比如第 26 行的 `add_animal` 方法，如图 4.7 所示。

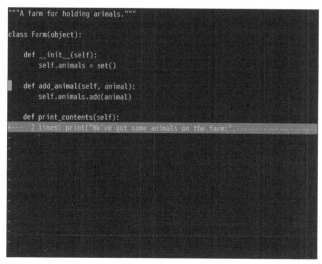

```python
 1 #!/usr/bin/python3
 2
 3 """Our own little animal farm."""
 4
 5 import sys
 6
 7 from animals import cat
 8 from animals import dog
 9 from animals import sheep
10 import animal
11 import farm
12
13 def make_animal(kind):
14 +-- 8 lines: """Create an animal class."""-------
22
23 def main(animals):
24     animal_farm = farm.Farm()
25     for animal_kind in animals:
26         animal_farm.add_animal(make_animal(animal_kind))
27     animal_farm.print_contents()
28
29 if __name__ == '__main__':
30 +-- 4 lines: if len(sys.argv) == 1:--------------
```

图 4.7

按 `Ctrl + ]` 组合键，光标会根据标签跳转到函数的定义（函数的定义位于不同的文件中），如图 4.8 所示。

```python
"""A farm for holding animals."""

class Farm(object):

    def __init__(self):
        self.animals = set()

    def add_animal(self, animal):
        self.animals.add(animal)

    def print_contents(self):
+-- 2 lines: print("We've got some animals on the farm:",
```

图 4.8

使用 Ctrl + t 组合键会跳转返回（使光标返回到之前所在的文件的相应位置）。

　Ctrl + o 和 Ctrl + i 组合键也能实现跳转，但是它们使用的是不同的关键字列表。

如果出现同名的标签关键字，则可以用命令 :tn（下一个标签，next tag）和 :tp（上一个标签，previous tag）在不同选项之间切换。

读者也可以用命令 :ts（表示选择标签，tag select）触发一个标签列表菜单。比如，用 Ctrl +] 组合键从 farm.py 文件中的 animal.get_kind() 调用跳转到 get_kind 的定义，执行 :ts 命令会看到如图 4.9 所示的界面。

```
"""An animal base class."""


class Animal(object):

    def __init__(self, kind):
        self.kind = kind

    def get_kind(self):
        return self.kind
 # pri kind tag              file
> 1 F   m    get_kind        animal.py
                class:Animal
                def get_kind(self):
   2 F   m    get_kind        animals/cat.py
                class:Cat
                def get_kind(self):
   3 F   m    get_kind        animals/dog.py
                class:Dog
                def get_kind(self):
   4 F   m    get_kind        animals/sheep.py
                class:Sheep
                def get_kind(self):
Type number and <Enter> (empty cancels):
```

图 4.9

读者可以看到每个标签关键字对应的文件、类和方法，输入相应的编号即可跳转成功。

读者还可以用 g] 打开一个标签关键字选择窗口来进一步选择，而不会马上跳转。

在打开 Vim 时可以立即跳转到一个标签位置上。在命令提示符中，执行如下命令行。

```
$ vim -t get_kind
```

Vim 会直接跳转到标签关键字 get_kind 的定义处。

2. 自动更新标签

用户一般不愿意在每次修改代码后手动执行 `ctags -R` 命令，解决这个问题的一种简单方式是在 `.vimrc` 中加入如下配置。

```
" 保存 Python 文件时重新生成标签文件
autocmd BufWritePost *.py silent! !ctags -R &
```

上述配置会在每次保存 Python 文件时运行 `ctags -R` 命令行。

读者可以将 `*.py` 后缀修改为其他文件类型，视工作场景而定。比如，下面的配置针对 C++ 文件。

```
autocmd BufWritePost *.cpp *.h silent! !ctags -R &
```

4.3 撤销树和 Gundo

大部分现代编辑器都支持撤销栈，其中保存了撤销和重做操作的历史记录。Vim 则更进一步，采用了撤销树。如果读者执行修改操作 X，然后撤销并执行另一修改操作 Y，X 却仍然被保存起来了。Vim 支持手动浏览撤销树的叶子结点，但还有更好的方式。

Gundo 是一种对撤销树进行可视化的插件，读者可以在 GitHub 上找到。

如果使用 vim-plug 管理插件，请在 `.vimrc` 中添加 `Plug 'sjl/gundo.vim'`。执行 `:w | so $MYVIMRC | PlugInstall`，即可成功安装 Gundo。

假设读者正在用 Vim 打开 `animal_farm.py` 文件，光标位于第 15 行上，如图 4.10 所示。

编辑高亮显示的当前行 `if kind == 'cat'`，执行如下操作。

- 将 `cat` 换成 `leopard`。
- 用撤销命令 `u` 撤销前一操作。
- 将 `cat` 换成 `lion`。

正常情况下，读者可能会以为 `cat` 和 `leopard` 都已经丢失，但是因为 Vim 拥有撤销树，因此所有的修改内容都保留在撤销树中。

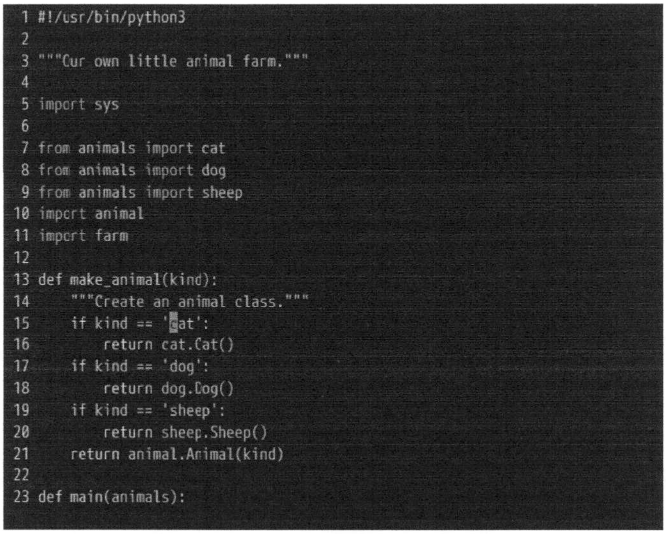

1 #!/usr/bin/python3
2
3 """Our own little animal farm."""
4
5 import sys
6
7 from animals import cat
8 from animals import dog
9 from animals import sheep
10 import animal
11 import farm
12
13 def make_animal(kind):
14   """Create an animal class."""
15   if kind == 'cat':
16   return cat.Cat()
17   if kind == 'dog':
18   return dog.Dog()
19   if kind == 'sheep':
20   return sheep.Sheep()
21   return animal.Animal(kind)
22
23 def main(animals):

图 4.10

执行:GundoToggle 将以分割方式打开两个新窗口：左上窗口为树状结构的可视化表达，光标选中了其中一个版本；左下窗口则显示此版本和上一版本之间的差异，如图 4.11 所示。

@ [2] 10 seconds ago
| o [1] 13 seconds ago
|/
o [0] Original
__Gundo__
--- Original
+++ 2 2018-10-27 10:24:20 PM
@@ -12,7 +12,7 @@
def make_animal(kind):
"""Create an animal class."""
- if kind == 'cat':
+ if kind == 'lion':
return cat.Cat()
if kind == 'dog':
return dog.Dog()
__Gundo_Preview__
2
3 """Our own little animal farm.
"""
4
5 import sys
6
7 from animals import cat
8 from animals import dog
9 from animals import sheep
10 import animal
11 import farm
12
13 def make_animal(kind):
14 """Create an animal class.
"""
15 if kind == 'lion':
16 return cat.Cat()
17 if kind == 'dog':
18 return dog.Dog()
19 if kind == 'sheep':
20 return sheep.Sheep()
21 return animal.Animal(kind)
animal_farm.py [+]

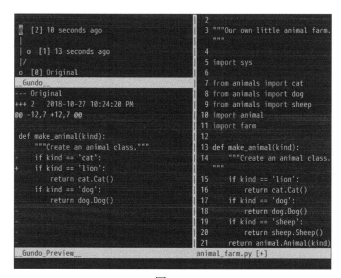

图 4.11

通过按 j 和 k 可让光标在 Gundo 左上窗口中上下移动，实现对树状结构的浏览。移动光标到树的顶部可以看到最新的修改情况（gg 可以使光标跳转到缓冲区的顶部）。可以看到，在最后一次修改中，包含 cat 的行被换成了包含 lion 的行（以减号-开头的行表示被删除的行，以加号+开头的行表示添加的行）。

读者按 j 键时，光标将在树状结构中向下移动，到达一个未被用到的分支，如图4.12 所示。

```
@ [2] 10 seconds ago            2
|                               3 """Our own little animal farm.
| @ [1] 13 seconds ago            """
|/                              4
o [0] Original                  5 import sys
__Gundo__                        6
--- Original                    7 from animals import cat
+++ 1   2018-10-27 10:24:17 PM   8 from animals import dog
@@ -12,7 +12,7 @@                9 from animals import sheep
                                10 import animal
def make_animal(kind):          11 import farm
    """Create an animal class.""" 12
    if kind == 'cat':           13 def make_animal(kind):
+   if kind == 'leopard':       14     """Create an animal class.
        return cat.Cat()        15     if kind == 'lion':
    if kind == 'dog':           16         return cat.Cat()
        return dog.Dog()        17     if kind == 'dog':
                                18         return dog.Dog()
                                19     if kind == 'sheep':
                                20         return sheep.Sheep()
                                21     return animal.Animal(kind)
__Gundo_Preview__               animal_farm.py [+]
```

图 4.12

读者可能会认为这个分支上的操作已经丢失了。可以看到，该操作将 cat 换成了 leopard。按 Enter 键，Gundo 将恢复到这次编辑的版本上。

再次运行:GundoToggle，撤销树窗口将会隐藏。

如果读者经常使用 Gundo 的树状结构，则可以将它绑定到某个快捷键上。比如下面的配置将打开 Gundo 的命令绑定到了 F5 上。

```
noremap <f5> :GundoToggle<cr> " 将 Gundo 映射到<F5>
```

关于撤销树的更多详情，请参考:help undo-tree。

4.4　小结

本章介绍了 Vim 中的一些高级工作流程。首先，本章介绍了如何利用 Vim 的内置自动补全功能来进行代码自动补全。然后，本章推荐了插件 YouCompleteMe，它能够通过识别语法来辅助自动补全。此外，对于更复杂的代码库，可以使用 Exuberant Ctags 工具。最后，本章介绍了撤销树和 Gundo 插件，可以让读者更直观地浏览撤销树。

第 5 章将介绍如何将 Vim 和版本管理结合起来，以及如何解决版本冲突问题。届时，还要向读者展示如何在 Vim 中对代码进行构建、测试和执行。

第 5 章
构建、测试和执行

本章重点介绍版本控制及相关流程和代码的构建及测试，具体包括如下几个方面。

- 介绍版本控制的相关知识（主要是 Git）。

- 介绍如何高效地将 Git 和 Vim 结合起来。

- 用 vimdiff 来比较和合并文件，以及处理 Git 冲突。

- 用 Tmux、Screen 或 Vim 终端模式来执行多任务和 Shell 命令。

- 用快速提示列表和位置列表捕获警告和错误。

- 用内置的 :make 命令或插件构建和测试代码。

- 手动或用插件来运行语法检查器。

5.1 技术要求

版本控制是本章的重要内容之一。虽然本书选择的版本控制系统是 Git，但是本章的知识也适用于其他版本控制系统。本章只提供了一节内容简略地介绍版本控制，如果读者想要更深入地了解，还需要有针对性地阅读相关材料，以精通自己需要的版本控制系统。

本章需要多次修改 .vimrc 文件，读者可以边阅读边修改，也可以从本书 GitHub 官方仓库 PacktPublishing/Mastering-Vim 中找到相关的设置代码。Git 的安装和配置方法也可以在这个 GitHub 仓库中找到。

5.2 使用版本控制

本节以 Git 为示例讲解**版本控制系统**（Version Control System，VCS）。

 编写本书的时候，Git 是最流行的版本控制系统。本节的建议也适用于读者选择的其他版本控制系统（或者读者被迫使用的 VCS）。

现代的程序开发已经离不开版本控制了，只要是程序员，都有可能用到版本控制。本节将帮助读者回顾如何使用当前流行的版本控制系统 Git。本章还将介绍如何在 Vim 中使用 Git，使 Git 命令更直观和交互性。

5.2.1 版本控制和 Git 介绍

如果读者已经熟悉 Git 的相关知识，可以跳过本节。

Git 可用于追踪文件修改的历史记录，并缓解多个用户同时工作于同一文件时的痛苦。Git 是一个分布式版本控制系统，这意味着每个开发者在自己的系统里都拥有代码库的一个完整副本。

如果读者使用的是一个 Debian 系的 Linux 发行版，则可以通过如下命令安装 Git。

```
$ sudo apt-get install git
```

对于其他系统，可以在 Git 官方网站上找到安装包的下载地址以及安装方法。在使用之前，读者需要配置用户名和邮件地址。

```
$ git config --global user.name 'Your Name'
$ git config --global user.email 'your@email'
```

Git 安装成功。为了帮助用户解决问题，Git 提供了相当详尽的文档（官网上还有很多教程）。查看 Git 文档的命令行如下。

```
$ git help
```

1. 概念

Git 用一系列的文件原子操作来表示文件的修改历史，这些原子操作在 Git 中称为提交（commit）。提交功能除了可以保存文件的变化，还包含额外添加的描述性消息，这样，读者就可以找到任意时间点的文件变动。

Git 中提交的历史并不一定是线性的，它也可能是具有多个分支的图状结构，因此多个 Git 用户就可以独立地修改代码中的不同部分，而不用担心互相影响。比如，在下面的示例中（阅读顺序为由下向上），功能点 A 在主分支（master branch）中，而功能点 B 在一个平行的分支中，记为 `feature-b`。

```
* 将功能点 B 合并到主分支中
|\
* | 改进功能点 A
| * 完成功能点 B
| * 开始构建功能点 B (feature-b 分支)
|/
* 实现功能点 A
* 初始提交 (主分支)
```

Git 是一个分布式的版本控制系统，即不存在一个中心，每个开发者都拥有仓库（repository）的完整副本。

2. 新建工程

本例采用的是官方仓库 `Chapter05/animal_farm` 中的代码。读者也可以使用自己的项目。创建好一个项目之后，可以按照下列步骤设置一个 Git 仓库。

（1）初始化 Git 仓库。

```
$ cd animal_farm/
$ git init
```

（2）将一个目录中的所有文件添加到暂存区（stage），为初始提交作准备。

```
$ git add
```

（3）创建初始提交。

```
$ git commit -m "初始提交"
```

上述命令的结果如图 5.1 所示。

现在，一个 Git 仓库就创建完成了。

如果读者想要将此仓库备份到其他机器上，可以考虑使用在线的 Git 服务，比如 GitHub。在 GitHub 上创建一个新仓库的方法可参见 GitHub 官网。GitHub 的仓库地址格式为 `https://github.com/<你的用户名>/animal-farm.git`。然后，将 GitHub 上的这个远程仓库的地址添加到本地的仓库中去（这里的 `<url>` 换成 GitHub 仓库的地址）。

```
$ git remote add origin <url>
```

```
$ cd animal_farm/
$ git init
Initialized empty Git repository in /home/ruslan/Mastering-Vim/ch5/animal_farm/.
git/
$ git add .
$ git commit -m "Initial commit"
[master (root-commit) e1fec4a] Initial commit
6 files changed, 89 insertions(+)
create mode 100644 animal.py
create mode 100644 animal_farm.py
create mode 100644 animals/cat.py
create mode 100644 animals/dog.py
create mode 100644 animals/sheep.py
create mode 100644 farm.py
$
```

图 5.1

然后，读者将本地仓库推送（push）到远程仓库。

```
$ git push -u origin master
```

为了使两个仓库同步，每提交一次都需要重新推送，详细参见下面关于 Git 使用方法的介绍。

3．克隆一个已有仓库

如果读者已经在远程仓库（如 GitHub）中保存有代码，那么只需要克隆（clone）一份到本地。找到远程仓库的地址，地址可能是 HTTPS 协议或 SSH 协议。执行下列命令将<url>换成仓库的地址。

```
$ git clone <url>
```

执行此命令后，本地机器上就有了以项目名称命名的目录，其中保存了仓库的内容。

本地仓库和远程仓库是相互独立的。如果读者想要在远程仓库被修改之后更新本地仓库，则可以在曾经复制过的本地仓库中执行 git pull --rebase。

4．使用 Git

Git 的命令是相当繁杂的，但初学者只需掌握几条基本命令。本节还是以前面新创建的仓库 animal_farm/为例。

（1）添加文件、提交和推送

将文件 animals/lion.py 添加到仓库中。文件内容如下。

```
"""A lion."""

import animal

class Lion(animal.Animal):

    def __init__(self):
        self.kind = 'lion'

    def get_kind(self):
        return self.kind
```

接下来，在 `animal_farm.py` 中调用 `lion.py`（添加粗体的部分）。

```
...
from animals import dog
from animals import lion
from animals import sheep
...
    if kind == 'dog':
        return dog.Dog()
    if kind == 'lion':
        return lion.Lion()
    if kind == 'sheep':
        return sheep.Sheep()
...
```

修改完成之后，可以通过如下命令查看文件的状态（查看哪些修改将会被提交）。

```
$ git status
```

此处显示 `animal_farm.py` 被修改，而且添加了新的文件 `animals/ lion.py`，如图 5.2 所示。

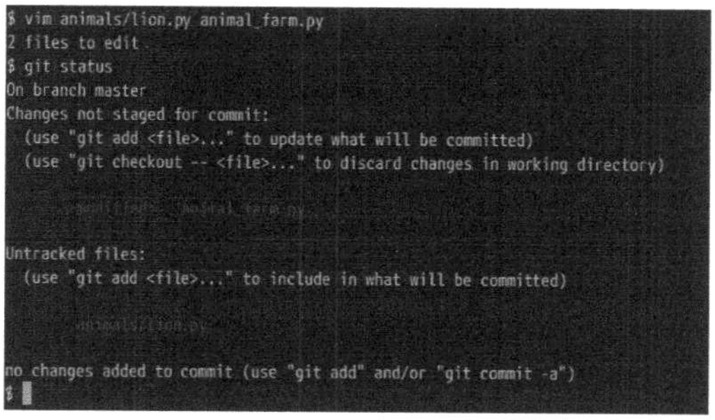

图 5.2

若要将文件保存到 Git 历史记录中，则需要将文件先存放到暂存区。可以添加单个文件。

```
$ git add <filename>
```

也可以添加整个当前目录。

```
$ git add .
```

执行 git status 可以看到暂存区中的内容，如图 5.3 所示。

图 5.3

将一个或多个文件提交到历史记录中，可执行如下命令。

```
$ git commit -m "<informative message describing the changes>"
```

图 5.4 中显示了修改 animals/lion.py 和 animal_farm.py 之后的提交结果。

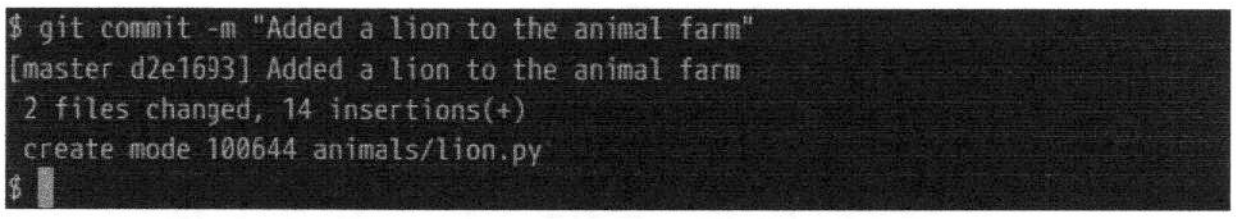

图 5.4

如果已经创建好远程仓库，则将修改推送到远程仓库的命令如下。

```
$ git push
```

假如有多个人使用同一个远程仓库，则与其他人保持同步的命令如下［多人协作时最好是先拉取（pull）再推送（push）］。

```
$ git pull --rebase
```

如果想查看提交历史，可执行如下命令。

```
$ git log
```

到目前为止，本节中的 animal_farm 仓库的 git log 结果如图 5.5 所示。

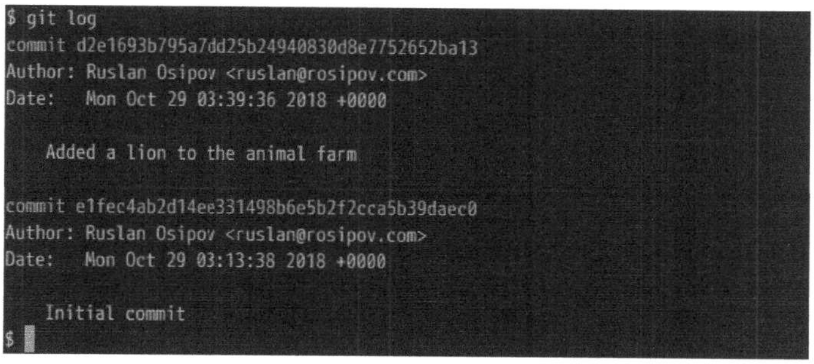

图 5.5

图 5.5 中，顶部为最新的提交，底部为初始的提交。

如果读者在本地工作副本（working copy）拉取某一个特定的提交（如查看初始提交的情况），则可以执行如下命令（这里的<sha1>为提交 ID，它是一个十六进制的字符串，图 5.5 中的初始提交的 ID 为 `e1fec4ab2d14ee331498b6e5b2f2cca5b39daec0`）。

```
$ git checkout <sha1>
```

（2）创建和合并分支

不同的分支通常对应于工作中不同的功能。一旦某个功能成熟了，该分支就可以被合并到主分支（master）。创建一个新分支的命令如下。

```
$ git checkout -b <branch-name>
```

比如，下面的命令将创建一个关于新的动物类型的分支。

```
$ git checkout -b feature-leopard
```

其结果如图 5.6 所示。

图 5.6

然后，读者就可以在这个分支上正常操作了。比如，添加一个新文件 `animals/leopard.py`，并修改 `animal_farm.py`，如图 5.7 所示。

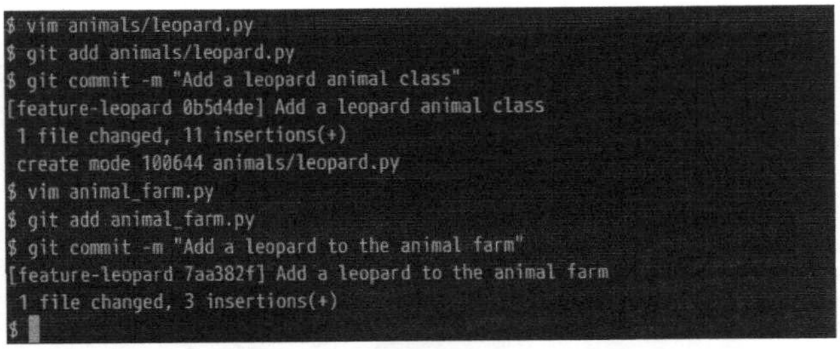

图 5.7

一旦该功能完善了（这里的 leopard），就可以将分支 feature-leopard 合并到主分支（master）。查看所有分支的命令如下。

```
$ git branch -a
```

当前分支前面有一个星号（*），如图 5.8 所示。

图 5.8

切换到其他分支的命令如下。

```
$ git checkout <branch-name>
```

在这里，回到主分支的命令如下。

```
$ git checkout master
```

回到主分支后，就可以将之前的新分支合并到主分支，命令如下。

```
$ git merge feature-leopard
```

合并分支的结果如图 5.9 所示。

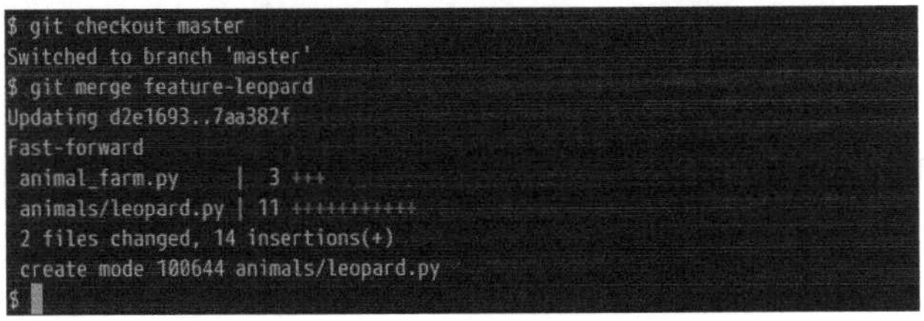

图 5.9

如果读者有 GitHub 仓库，那么修改完成之后要执行 git push 命令，这样，修改内容才能同步到远程仓库。

5.2.2 Git 与 Vim 的整合（vim-fugitive）

Tim Pope 的 vim-fugitive 插件可以使用户在不离开 Vim 的情况下进行 Git 操作。读者在使用 Vim 编辑文件时，也可以同时利用版本管理系统记录编辑的位置。

 如果使用 vim-plug 安装插件，则可以在 .vimrc 中添加 Plug 'tpope/vim-fugitive'，并执行命令:w | source $MYVIMRC | PlugInstall。

vim-fugitive 提供的许多命令都是对外部 Git 命令的镜像，然而，输出通常更具交互性。以 git status 为例，执行如下命令。

:Gstatus

我们可以在一个分割窗口中看到熟悉的 git status 输出结果（显示的是修改但还未提交的情况），如图 5.10 所示。

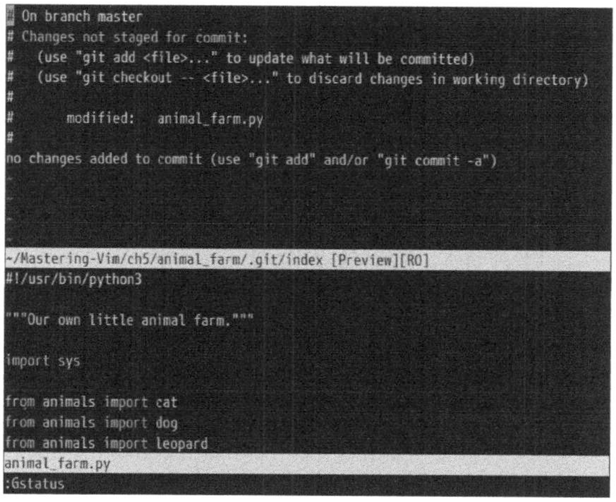

图 5.10

但和 git status 在命令行中的输出不同，分割窗口是可交互的。读者可以将光标移动到其中一个文件上（使用 Ctrl + n 组合键和 Ctrl + p 组合键），也可以尝试如下命令。

- – 用于将文件移入或移出暂存区。

- cc 或:Gcommit 用于提交暂存区中的文件。

- D 或:GDiff 用于打开一个文件差异对比窗口。

- g?用于显示更多命令的帮助信息。

:Glog 将打开与当前打开文件相关的提交历史记录，它们被显示在一个快速恢复窗口，以便读者进一步查看，如图 5.11 所示。

图 5.11

使用:copen 可打开一个快速恢复窗口，用:cnext 和:cprevious 命令可以在不同快速恢复窗口之间切换，以查看不同文件的历史版本。关于快速恢复窗口，参见 5.5.1 节。

命令行 git blame 可以快速提示每一行中修改操作的时间和用户。blame 的意思是责怪某个编写了问题代码的开发者（很有可能是用户自己）。:Gblame 在一个垂直分割窗口中交互式显示 git blame 的输出，如图 5.12 所示。

:Gblame 在文件的每一行旁边显示了相关提交的 ID、作者、日期和时间，图 5.12 中的部分内容被隐藏了。

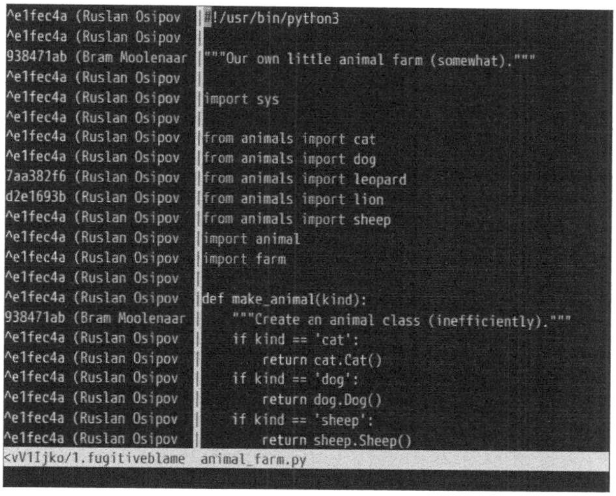

图 5.12

:Gblame 窗口中可使用如下命令。

● C、A 和 D 可调整 blame 窗口到指定的大小（分别对应于看到提交、作者和日期为止）。

● Enter 键用于打开所选提交的文件差异。

● o 用于在分割窗口中打开所选提交的文件差异。

● g?用于显示更多命令的帮助信息。

:Gblame 非常有用，它对于确定出错时间很有帮助。同时，它还提供了其他方便用户使用的包装器。

● :Gread 可直接在缓冲区中预览指定文件的内容。

● :Ggrep 封装了 git grep（Git 提供了强大的 grep 命令，可以用于搜索某个文件在任意时刻的状态）。

● :Gmove 用于移动文件（同时重命名相应的缓冲区）。

● :Gdelete 封装了 git remove 命令。

Vim 帮助（如:help fugitive）中包含各个插件详细的使用方法。

5.3　用 vimdiff 解决冲突

在开发过程中，经常需要比较不同文件之间的差异，比如比较不同的输出，或者比较一个文件的不同版本，或者处理合并时的冲突。Vim 提供了一个独立的可执行程序 vimdiff，非常适用于对比文件差异。

5.3.1　比较两个文件

用 vimdiff 比较两个文件是非常简单的。以 animal_farm 目录中的 animals/cat.py 和 animals/dog.py 为例，下面用 vimdiff 比较它们之间的差异。

 此例中的文件可以从本书官方 GitHub 仓库 PacktPublishing/Mastering-Vim 的 Chapter05/animal_farm 目录中找到。当然，读者也可以用任意两个类似却不完全相同的文件来做实验。

用 vimdiff 打开多个文件的命令行，如下所示。

```
$ vimdiff animals/cat.py animals/dog.py
```

此命令行会打开如图 5.13 所示的界面（界面中的颜色与读者在 .vimrc 中的 colorscheme 设置有关）。

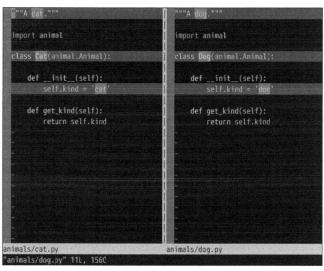

图 5.13

从图 5.13 中可以看到，cat.py 文件在左边的分割窗口中打开，而 dog.py 在右边的分割窗口中打开。不同的行用一种颜色高亮显示，而不同的字符则用另一种颜色高亮显示。

读者可以用]c 和[c 分别在多个修改处之间向前和向后跳转。

读者可以在不同文件之间推送修改。

- do 或:diffget（**do** 表示 diff obtain，即获得差异的意思）将文件修改应用于当前窗口中的文件。

- dp 或:diffput（**dp** 表示 diff put，即推送差异的意思）将当前窗口中的文件修改推送给另一个文件。

 若要将一个文件整体复制到另一个文件中，可以使用:%diffget 或:%diffput。

比如，若要将 cat.py 文件中的 self.kind = 'cat'推送到 dog.py 文件，可以用]c 和[c 将光标移动到 cat.py 文件中的相应行，并输入 do。然后，该行的高亮显示会消失，而 dog.py 的缓冲区则会应用这个改动，如图 5.14 所示。

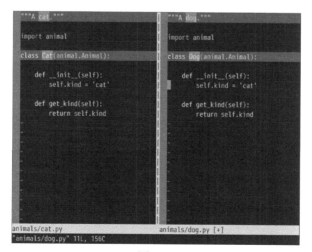

图 5.14

 当使用:diffget 和:diffput 在文件之间消除差异时，vimdiff 会自动更新高亮显示。但如果读者手动修改了文件，则需要执行:diffupdate（或缩写:diffu）手动更新高亮显示。

读者也可以同时比较多个文件的差异，只是不能再使用 do 和 dp 快捷键实现这种功能。比如，下面的命令行可以比较 3 个文件的差异。

```
$ vimdiff animals/cat.py animals/cat.py animals/sheep.py
```

如图 5.15 所示，可以看到 3 个文件并排显示。

图 5.15

因为现在有多个缓冲区，所以消除文件差异时就需要指定来源缓冲区或目的缓冲区。:diffget（可简写为:diffg）和:diffput（可简写为:diffp）都需要指定一个参数，此参数既可以是缓冲区编号（用:ls!查看），也可以是缓冲区名称的一部分。

比如，在 animals/dog.py 窗口中，读者可以将光标所在行的差异推送到 animals/sheep.py 中，命令如下。

```
:diffput sheep
```

该行将会被推送到 animals/sheep.py 缓冲区中，如图 5.16 所示。

如果经常使用 vimdiff，可以绑定别名与快捷键，详情参考第 3 章。毕竟，默认的命令还是有一点长。

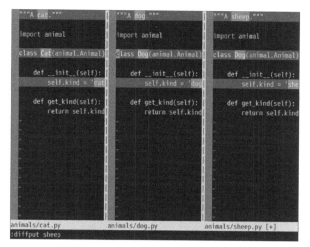

图 5.16

5.3.2 vimdiff 和 Git

将 vimdiff 作为 Git 的合并工具会让人感到困惑，因为 Vim 会打开 4 个窗口，而读者还需要记住很多快捷键，却得不到足够的帮助提示。

1. git config

第一件事是将 vimdiff 设置为 Git 的合并工具。

```
$ git config --global merge.tool vimdiff
$ git config --global merge.conflictstyle diff3
$ git config --global mergetool.prompt false
```

上述命令行用于设置 Git 的默认合并工具，在合并时显示两个分支的共同祖先，并在打开 vimdiff 时禁止弹窗提示。

2. 创建合并冲突

这里仍然使用本章中初始化的仓库 `animal_farm/`（当然，读者也可以用自己的工程练习如何处理合并时的冲突）。首先，利用以下命令行进入仓库。

```
$ cd animal_farm/
```

然后，创建一个新的分支 `animal-create`，并构造一些冲突（与主分支冲突）。在 `animal-create` 分支中，将方法 `make_animal` 重命名为 `create_animal`，而在主分支中将其重命名为 build_animal。下面每一个操作的顺序很重要，要按步骤来进行。

（1）创建新分支，并编辑 animal_farm.py，命令如下。

```
$ git checkout -b create-animal
$ vim animal_farm.py
```

（2）在编辑时，将 make_animal 方法换成 create_animal，代码如下。

```
...
def create_animal (kind):
...
    animal_farm.add_animal(create_animal(animal_kind))
...
```

（3）提交修改。

```
$ git add animal_farm.py
$ git commit -m "Rename make_animal to create_animal"
```

（4）切换回主分支，并修改文件。

```
$ git checkout master
$ vim animal_farm.py
```

（5）在 Vim 中将 make_animal 修改为 build_animal。

```
...
def build_animal (kind):
...
    animal_farm.add_animal(build_animal(animal_kind))
...
```

（6）提交文件。

```
$ git add animal_converter.py
$ git commit -m "Rename make_animal to build_animal"
```

（7）将 create-animal 分支合并到主分支（master）。

```
$ git merge create-animal
```

如图 5.17 所示，合并冲突产生了。

```
$ git merge create-animal
Auto-merging animal_farm.py
CONFLICT (content): Merge conflict in animal_farm.py
Automatic merge failed; fix conflicts and then commit the result.
$
```

图 5.17

3. 消除合并冲突

要想消除合并冲突，应该先要打开 Git 合并工具（之前已经设置为 vimdiff 了）。

```
$ git mergetool
```

如图 5.18 所示，冲突的显示界面并不是很友好，包含了 4 个窗口以及各种颜色。

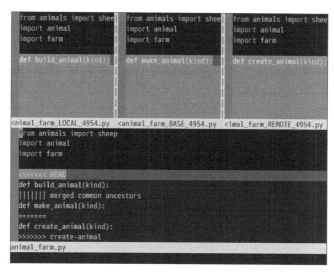

图 5.18

该界面看起来杂乱无章，其实不然。左上窗口显示的是本地修改（主分支的修改），中间的窗口是共同祖先，而右上窗口为 create-animal 分支。底部的窗口则为合并的结果。

从左至右，从上至下，这 4 个窗口的含义依次如下。

- LOCAL（本地）：当前分支的一个文件（或待合并的任意文件）。

- BASE（共同祖先）：该文件在两个分支中的共同祖先（修改发生之前的状态）。

- REMOTE（远程）：另一分支中待合并的文件（此处为 dog.py）。

- MERGED（合并）：合并结果，即将要保存的输出结果。

在 MERGE 窗口中，可以看到冲突的标记，即<<<<<<<和>>>>>>>记号。读者并不需要直接处理这些记号，但是大概了解它们的含义还是有好处的。

```
<<<<<<< [LOCAL commit/branch]
[LOCAL change]
||||||| merged common ancestors
[BASE - closest common ancestor]
=======
[REMOTE change]
>>>>>>> [REMOTE commit/branch]
```

由于这里只有两个文件，因此只需要运行 do（:diffget）或 dp（:diffput）命令，而不需要指定参数。

如果读者想要保留 REMOTE 中的修改（此处为 create-animal 分支），可以先使光标移至 MERGED 窗口中（底部的窗口），然后将光标移动到下一个修改处（除常规的快捷键之外，还可以使用]c 和[c 在多个修改处之间跳转）。最后，执行如下命令。

:diffget REMOTE

这会将 REMOTE 中的文件修改应用于 MERGED 窗口中的文件上。上述命令可作如下简化。

- 获得 REMOTE 中的一个修改：diffg R。

- 获得 BASE 中的一个修改：diffg B。

- 获得 LOCAL 中的一个修改：diffg L。

对每一处冲突重复执行上述过程。一旦处理完所有冲突，就可以保存 MERGED 中的文件，然后退出 vimdiff（使用一条命令:wqa 即可），这就完成了合并过程（若有多个文件存在冲突，则会跳转到下一个文件中）。

合并冲突时会在工作目录中留下后缀为.orig 的文件，比如
animal_farm.py.orig。完成合并过程后，可以将它们删除。

最后要提交合并的结果，即执行命令行 git commit -m "修改一个合并冲突"。

5.4　Tmux、Screen 和 Vim 的终端模式

软件开发不仅仅是编写代码，还涉及执行二进制程序、运行测试和使用命令行完成某些任务，等等。这时候，会话和窗口管理就有用武之地了。

现代桌面环境支持同时显示多个窗口，但本书讨论的是 Vim，因而更关心如何在单

个终端会话中管理多个任务。

5.4.1　Tmux

Tmux 是一个终端复用工具，通过 Tmux 读者可以在一个终端屏幕中管理多个终端窗口。

 如果读者使用的是 Debian 系的发行版，则安装方法为 `sudo apt-get install tmux`。如果从源码编译 Tmux，请参考其 GitHub 仓库 `tmux/tmux`。

Tmux 的启动方法是在终端中执行 `tmux` 命令，如图 5.19 所示。

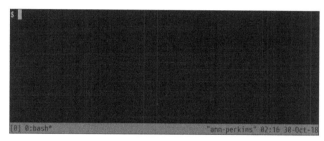

图 5.19

1. 类似于分割窗口的 Tmux 面板

Tmux 支持多面板（相当于 Vim 中的窗口）和多窗口（相当于 Vim 中的标签页）。使用 Tmux 的功能时，首先要按一个前缀键，然后再按命令键。默认的前缀键为 `Ctrl + b`。

读者可以将默认的前缀键重新绑定到其他键，方法是修改配置文件 `~/.tmux.conf`。比如，用 `Ctrl + \`组合键代替 `Ctrl + b` 组合键，需要在配置文件中添加如下设置。

```
# 使用Ctrl+\作为前缀键
unbind-key C-b
set -g prefix 'C-\'
bind-key 'C-\' send-prefix
```

然后，重启 Tmux（或先按 `Ctrl + b` 组合键，然后执行 `:source-file ~/.tmux.conf` 命令），以使配置生效。

垂直分割屏幕的快捷键为 `Ctrl + b + %`。如图 5.20 所示。

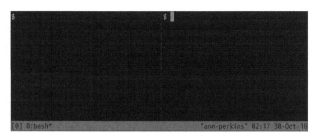

图 5.20

对于很多读者而言，使用默认快捷键并不方便。比如，短横线-让人更容易联想起垂直分割[1]，因而可以通过下面的配置修改这个行为。

```
# 使用-生成垂直分割
bind - split-window -v
unbind '%'
```

水平分割屏幕的快捷键为 `Ctrl + b + "`。如图 5.21 所示。

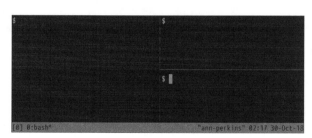

图 5.21

和垂直分割一样，读者可以使用管道符|来记忆水平分割，配置如下。

```
# 使用|生成水平分割
bind | split-window -h
unbind '"'
```

　　读者可以用前缀键（默认 `Ctrl + b`）加方向键在不同面板之间跳转。每个面板都是独立运行的，比如，读者可以在各个面板中独立地修改当前目录、执行命令以及使用

---

① 译者注：Tmux 和 Vim 对于水平分割和垂直分割的定义刚好相反，比如 Tmux 中的垂直分割是生成上下两个面板，而 Vim 的垂直分割是生成左右两个窗口。

Vim 编辑文件（这是最关键的）。

> 如果读者已经习惯于使用 hjkl 键，会觉得方向键不方便，这时可以在配置文件~/.tmux.conf 中添加对 hjkl 的支持。
> ```
> bind h select-pane -L
> bind j select-pane -D
> bind k select-pane -U
> bind l select-pane -R
> ```

在下面的示例中，左侧面板中打开了一个源码文件，右上面板中正在编辑 .vimrc 文件，而右下面板则用 ls 显示文件。如图 5.22 所示。

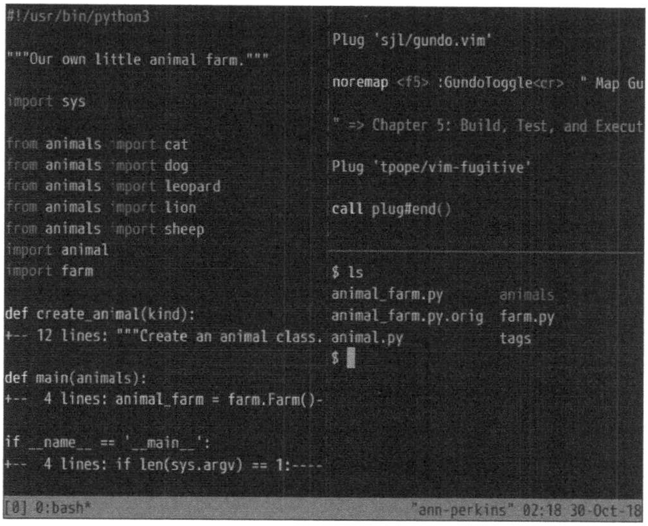

图 5.22

关闭面板并退出会话的方法是执行命令行 exit 或按快捷键 Ctrl + d。

2．类似于标签页的 Tmux 窗口

创建 Tmux 窗口的快捷键是 Ctrl + b + c。如图 5.23 所示，屏幕底部显示打开了两个 Tmux 面板，只不过各自位于不同的 Tmux 窗口中。

Tmux 窗口默认被命名为当前活跃 Tmux 窗口中的进程名称，比如图 5.23 中的 bash 和 vim。Tmux 窗口的重命名快捷键为 Ctrl + b + ,，如图 5.24 所示。

图 5.23

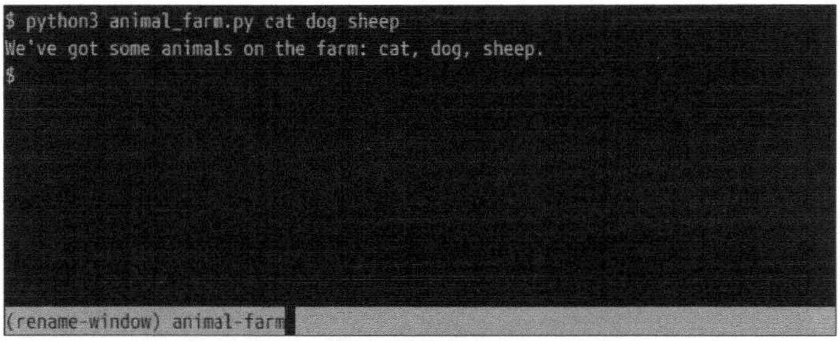

图 5.24

在 Tmux 窗口之间前后跳转的快捷键是 Ctrl + b + p 和 Ctrl + b + n。

3. 强大的会话功能

如果读者要使用 SSH 连接远程机器，那么 Tmux 是一种非常重要的工具，因为 Tmux 支持长时会话，其寿命比 SSH 连接还要长。

进入一个 Tmux 会话之后，可以用 Ctrl + b + d 组合键退出该会话（detach）。这时，读者会回到原来的 Shell 命令行中，并显示类似于[detached (from session 0)]的消息。

Tmux 会话可以一直持续到关机，显示所有 Tmux 会话的命令如下。

```
$ tmux list-sessions
```

其显示结果的格式如下。

```
0: 2 windows (created Sat Aug 18 19:17:59 2018) [80x23]
```

上面的例子显示，当前只有一个 Tmux 会话。读者可以打开这个会话，或者用 Tmux

的术语来说，叫作附于（attach）此会话。打开会话的命令如下。

```
$ tmux attach -t 0
```

不指定任何参数，直接执行 tmux 命令总是会新建一个会话。

读者可以创建任意多个会话，这样就能够将不同的工程放到不同的会话中。用 Tmux 会话来组织工程或任务颇有好处，建议读者养成这个习惯。在多个 Tmux 会话间前后跳转的快捷键为 Ctrl + b + ）和 Ctrl + b + （。

读者也可以重命名会话，既可以在启动 Tmux 时指定名称（tmux new -s name），也可以在会话中指定（Ctrl + b + $ 组合键）。

4．Tmux 和 Vim 分割窗口

开发者常常同时使用 Tmux 面板和 Vim 窗口，它们可以互补。读者可以在不同的 Tmux 面板中打开 Vim，从而让这些 Vim 实例相互独立，实现缓冲区的分组。一般情况下，读者可以在一个 Tmux 面板中打开 Vim（Vim 本身可以分割为多个窗口），然后在其余的 Tmux 面板中执行 Shell 命令。每个人使用 Tmux 面板和 Vim 窗口的习惯不同，读者可以自行体验。

Tmux 和 Vim 遍历窗口（在 Tmux 中称为面板）的快捷键不同，这会让人感到相当困惑，最简单的解决方案是使用 vim-tmux-navigator 插件，该插件的 GitHub 仓库为 christoomey/vim-tmux-navigator。**vim-tmux-navigator** 使用的快捷键为 Ctrl + h、Ctrl + j、Ctrl + k 和 Ctrl + l，并且 Vim 窗口和 tmux 面板的跳转方式保持一致，都可以用这几个快捷键。

为了使用 **vim-tmux-navigator**，Tmux 的版本不能低于 1.8。检查 Tmux 版本的命令行为 $ tmux -V。关于如何安装新版本的 Tmux，可参见 5.4.1 节。如果使用 **vim-plug** 管理插件，可以在 .vimrc 中加入 Plug 'christoomey/vim-tmux-navigator 来安装 vim-tmux-navigator'。不要忘记运行 :w | source $MYVIMRC | PluginInstall 来完成安装。

安装此插件之后，可以在 ~/.tmux.conf 中加入如下快捷键绑定（这段配置文件来自于 GitHub 仓库 christoomey/vim-tmux-navigator）。

```
# 能够感知 Vim 分割窗口的 Tmux 面板切换方式
is_vim="ps -o state= -o comm= -t '#{pane_tty}' \
  | grep -iqE '^[^TXZ ]+ +(\\S+\\/)?g?(view|n?vim?x?)(diff)?$'"
```

```
bind-key -n C-h if-shell "$is_vim" "send-keys C-h" "select-pane -L"
bind-key -n C-j if-shell "$is_vim" "send-keys C-j" "select-pane -D"
bind-key -n C-k if-shell "$is_vim" "send-keys C-k" "select-pane -U"
bind-key -n C-l if-shell "$is_vim" "send-keys C-l" "select-pane -R"
bind-key -T copy-mode-vi C-h select-pane -L
bind-key -T copy-mode-vi C-j select-pane -D
bind-key -T copy-mode-vi C-k select-pane -U
bind-key -T copy-mode-vi C-l select-pane -R
```

> 对于 Tmux 高级用户或者有钻研精神的读者，可以使用 TPM（Tmux 插件管理器）来实现快捷键的绑定，而不需要在 .tmux.conf 中粘贴代码。安装好 TPM 之后，读者可以在 .tmux.conf 中添加如下配置。

```
set -g @plugin 'christoomey/vim-tmux-navigator'
run '~/.tmux/plugins/tpm/tpm'
```

5.4.2　Screen

Screen 是 Tmux 的思想先驱，但它现在仍然有很多用户。Screen 的可扩展性不如 Tmux，事实上，若不经过一番配置，Vim 和 Screen 是不能和谐共处的。不过，如果已经习惯使用 Screen，又不想改变现有的工作流程，那么本节的一些技巧可让两者更融洽地相处。

运行 Screen 时，Esc 键在 Vim 中没有正常注册。为了修复 Esc 键的行为，需要在 ~/.screenrc 文件中加入如下配置。

```
# 当检测输入的按键序列时，等待时间不超过 5ms，这样可以修复 Vim 中的 Esc 行为
maptimeout 5
```

Screen 还设置了 $TERM 环境变量，Vim 却不能识别这个值，为了修正这项缺陷，可以在 .screenrc 中添加如下代码。

```
# 将 $TERM 设置为 Vim 能够识别的值
term screen-256color
```

同时使用 Vim 和 Screen 时，还有其他不便之处，比如 Home 和 End 键没有注册。Vim Wikia 中深入介绍了使 Vim 和 Screen 兼容的方法。

5.4.3　终端模式

读者可以使用 :! 在 Vim 中运行 Shell 命令。比如，运行 Python 程序的命令如下。

```
:!python3 animal_farm.py cat dog sheep
```

执行命令时，Vim 会暂停，并在终端显示程序运行的情况，如图 5.25 所示。

图 5.25

这种传统方式不太方便，因为用户无法在运行程序的同时编辑文档。不过，终端模式可以解决这个问题。

在 8.1 版本中，Vim 中有了终端模式。终端模式是 Vim 会话中运行的一个终端模拟器。和 Tmux 不同，终端模式是 Vim 自带的。当一个程序需要运行很长时间时，终端模式是很有帮助的，因为用户可以同时使用 Vim 进行其他操作。

终端模式可以用命令 :term 启动。它会打开一个上下分割的窗口，然后在其中运行默认的 Shell 解释器，如图 5.26 所示。

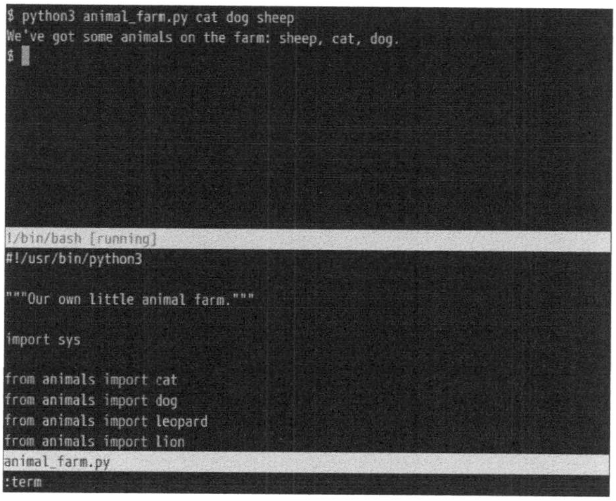

图 5.26

终端模式窗口与其他 Vim 窗口相同，也可以改变大小或移动（参见第 2.3.3 节）。只不过此窗口初始情况下处于终端工作模式（terminal-job），操作方式类似于插入模式。而且，它还有一些特殊的键盘绑定。

- Ctrl + w, N 用于进入终端正常模式（terminal-normal）。切换到插入模式的那些操作（比如 i 或 a 键）会让终端正常模式回到终端工作模式。

- Ctrl + w, "用于添加一个寄存器，它会将该寄存器中的内容粘贴到终端中。比如，用 yw 复制了一些内容，然后执行 Ctrl + w,"会将默认寄存器中的内容复制到终端。

- Ctrl + w, Ctrl + c 将中断快捷键（Ctrl + c）发送给终端。

终端模式较突出的一个功能是它可以用一个命令启动终端模式，并把输出保存到一个缓冲区中。请读者尝试在 Vim 中执行如下命令。

```
:term python3 animal_farm.py cat dog sheep
```

此命令会在 Shell 中执行一条命令，一旦执行完成，输出结果就会显示在一个缓冲区中，如图 5.27 所示。

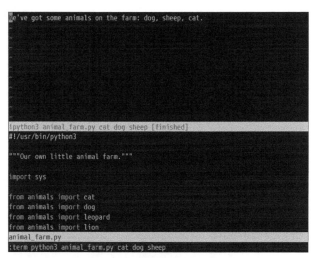

图 5.27

如果读者想要在左右分割窗口中使用终端模式，则可以执行:vert term。

如果读者习惯用第 2 章中介绍的 Ctrl + hjkl 组合键在 Vim 窗口之间跳转，则可以在终端模式中设置同样的快捷键。.vimrc 中的设置如下。

```
tnoremap <c-j> <c-w><c-j>
tnoremap <c-k> <c-w><c-k>
tnoremap <c-l> <c-w><c-l>
tnoremap <c-h> <c-w><c-h>
```

如果能将 Vim 终端模式与 Tmux 结合使用就再好不过了，Tmux 适合于管理会话（每个会话对应于一个任务），而终端模式可用来管理窗口。比如，Vim 的终端窗口可用于处理项目中的工作，而 Tmux 窗口（在 Vim 中叫作标签页）则用于在不同任务之间切换。

5.5 构建和测试

在处理代码时，常常需要编译（Python 不是编译型语言，不在此列），而且往往还需要测试。

Vim 支持通过快速恢复列表和位置列表来提示编译和测试错误，本节将介绍如何使用这两种列表。

5.5.1 快速恢复列表

第 2 章中已经简单介绍过快速恢复列表了，本节将更深入更详细地进行解释。

为了更方便地跳转到文件的某个部分，Vim 采用了一种附加模式，即快速恢复列表。一些 Vim 命令利用它在文件的不同位置之间跳转，比如 `:make` 产生的编译错误，或 `:grep` 及 `:vimgrep` 产生的搜索匹配项。诸如 Linter（语法检查器）或测试运行器之类的插件也会使用快速恢复列表。

比如，用 `:grep` 命令从当前目录（`.`目录）开始，在每一个 Python 文件（`--include="*.py"`）中递归（`-r` 选项）搜索关键词 animal，此命令会用到快速恢复列表。

```
:grep -r --include="*.py" animal .
```

此命令会在当前窗口中打开第一个匹配项。如果想在快速恢复窗口中查看所有的匹配项，则可以执行 `:copen` 命令，它会在一个上下分割的窗口中显示结果，如图 5.28 所示。

在快速恢复窗口中，读者可以使用正常的 Vim 移动光标命令，比如用 k 键和 j 键上下移动，用 Ctrl + f 组合键和 Ctrl + b 组合键翻页，也可以用?和/前后搜索。Enter 键将在缓冲区中打开当前匹配项所在的文件，而且光标会被置于匹配处。

如果读者想要打开文件 animals/sheep.py 中的匹配项 import animal，则可以先在快速恢复窗口中用/sheep 进行搜索，然后按 n 键找到相应的行，再按 Enter 键。

这时，在原窗口中将打开 sheep.py 文件，并将光标置于匹配处，如图 5.29 所示。

图 5.28

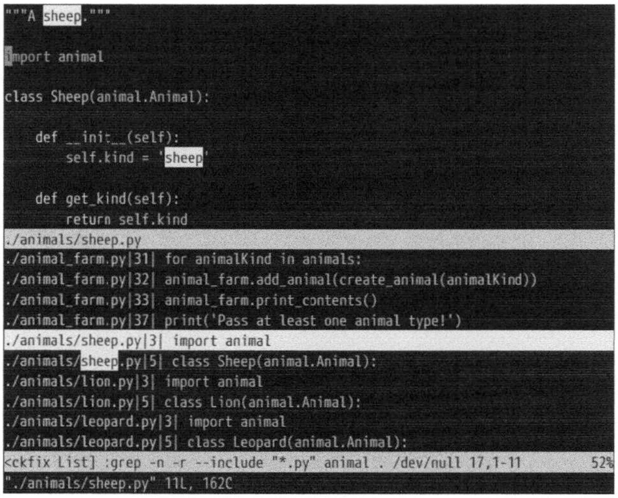

图 5.29

关闭快速恢复列表的命令是 :cclose（如果快速恢复窗口是当前窗口，则可以用 :bd 命令来删除快速恢复窗口的缓冲区）。

在不打开快速恢复窗口的情况下，可以用如下命令浏览快速恢复列表。

- :cnext 或:cn 命令用于切换到快速恢复列表中的下一项。

- :cprevious 或:cp（或:cN）命令用于切换到快速恢复列表中的上一项。

读者也可以选择只在出现错误时才打开快速恢复窗口（如编译错误），命令为:cwindow 或:cw。

5.5.2 位置列表

除了快速恢复列表，Vim 还有一个位置列表。它和快速恢复列表类似，只不过它是当前窗口的局部列表。在一个 Vim 会话中只有一个快速恢复列表，而位置列表则可以有很多个。

要填充位置列表的命令，只需要在大部分快速恢复列表相应命令前加上字母 l，比如:lgrep 或:lmake。

下面的命令也是如此，需要在相应的快捷命令前面加上字母 l。

- :lopen 用于打开位置列表窗口。

- :lclose 用于关闭位置列表窗口。

- :lnext 用于切换到位置列表中的下一项。

- :lprevious 用于切换到位置列表中的上一项。

- :lwindow 用于在错误出现时才触发位置列表窗口。

一般而言，多个窗口共享同一结果时，需要使用快速恢复列表；而某个结果只与一个窗口相关时，位置列表则更合适。

5.5.3 构建代码

构建代码并不一定与 Python 有关（实际上，Python 并没有代码需要编译），但是我们可以通过了解构建过程来理解 Vim 是如何执行代码的。

Vim 提供了:make 命令，它其实封装了 UNIX make 程序。有些读者可能不太了解，make 是一种非常古老的构建管理方案，它可以按需重新编译部分程序，或完全重新编译。

下面主要介绍关于:make 的一些选项。

- :compiler 用于指定其他的编译器插件，它也会修改编译器的输出格式。

- `:set errorformat` 可定义一些便于识别的错误格式。

- `:set makeprg` 用于设置执行 `:make` 时使用哪个命令行程序。

 其他选项请参考 Vim 手册中的文档，执行 `:help <任意主题>` 命令。

上面的选项可以组合起来与任意编译器一起使用。比如，如果想要编译 C 程序，则需要调用 gcc（标准的 C 编译器），使用如下命令进行设置。

```
:compiler gcc
:make
```

`:make` 的重要之处在于，它允许 Vim 用户实现自己的语法检查器、测试运行器或任意编译器插件（可以引用源码中的位置，从而使用快速恢复列表和位置列表）。

Vim 8.1 中引入了终端模式，这为在 Vim 中长时间运行构建过程打下了坚实的基础。因为 `:term make` 将异步调用 `make`，所以与此同时读者还可以继续编写代码。参见 5.4.3 节中关于终端模式的更多细节。

插件——vim-dispatch

Tim Pope 的插件 vim-dispatch 改进了 `:make` 命令，使它可以异步执行，并且增添了很多语法糖和命令，方便其使用。但在 Vim 8.1 增加了终端模式之后，vim-dispatch 的很大一部分功能显得有些多余。不过，如果读者有自己偏爱的工作流程，而且需要与不同的终端模拟器整合，则 vim-dispatch 还是很有用的。读者可以在 GitHub 上下载 vim-dispatch，GitHub 仓库为 `tpope/vim-dispatch`。

 如果使用 vim-plug 安装插件，则可以在 `.vimrc` 的插件列表中加入 `Plug 'tpope/vim-dispatch'`，然后运行 `:w | source $MYVIMRC | PlugInstall`。

下面是 vim-dispatch 的一些主要功能。

- `:Make` 可以在另一个窗口中运行某个任务（只针对 Tmux、iTerm 或 cmd.exe）。

- `:Make!` 在后台运行一个任务（只针对 Tmux、Screen、iTerm 或 cmd.exe）。

- `:Dispatch` 将 `:compiler <compiler-name>` 和 `:make` 组合起来，比如 `:Dispatch testrb test/models/user_test.rb`。

- :Dispatch 还可以运行任意命令，比如:Dispatch bundle install。

如果经常使用:make 命令，那么 vim-dispatch 还是值得尝试的。

从技术角度而言，读者完全可以用 vim-dispatch 运行测试，但是测试一般没有提供标准化输出，vim-dispatch 无法自动关联到快速恢复列表或位置列表。

5.5.4　测试代码

测试的输出结果往往没有编译错误那么有规则，因此读者只能碰碰运气，在网络上搜索与测试运行器相关的插件。事实上，确实有很多与测试运行器相关的插件。

此外，Vim 8.1 中增加的终端模式非常有用，读者可以利用它在编写代码的同时运行测试。

插件——vim-test

vim-test 是一种非常流行的测试运行器，因为它提供了对多种编译器的支持，可以接入许多其他的测试运行器；它还提供了一些易用的键盘映射。对于 Python 而言，vim-test 支持 djangotest、django-nose、node、nose2、pytest 和 PyUnit。在使用 vim-test 之前，读者应确保已经安装了需要的测试运行器。

 如果使用 vim-plug 安装插件，则可以在.vimrc 中加入 Plug 'janko-m/vim-test'，然后运行:w | source $MYVIMRC | PlugInstall。

vim-test 支持如下命令。

- :TestNearest 用于运行离光标最近的测试。

- :TestFile 用于运行当前文件中的测试。

- :TestSuite 用于运行整个测试集。

- :TestLast 用于运行最后的那个测试。

vim-test 还允许用户指定测试策略，比如使用什么方法来运行测试。诸如 make、neomake、MakeGreen 以及 dispatch（或 dispatch_background）会弹出快速恢复窗口，这也是一般情况下用户希望看到的。

如果希望使用 vim-dispatch 运行测试（如在另一个终端窗口中运行一个测试），则读者可以在.vimrc 文件中添加下列代码。

```
let test#strategy = "dispatch"
```

5.5.5 用 Linter 来检查语法

语法检查（又称为 Linting，语法检查器称为 Linter）是多人参与的软件项目中的一个核心步骤。网络上有非常多的语法检查器程序，支持多种不同的语言和风格。

Python 代码比其他很多语言都要简单一些，这是因为它只遵守单一的标准 PEP 8。确保 Python 代码符合 PEP 8 常用的语法检查器有 Pylint、Flake8 和 autopep8。

在检查语法之前，需要确保上述工具已经安装成功（下面的示例适用于 Pylint），因为 Vim 所做的也不过是调用这些外部工具而已。

 如果读者使用的是类 Debian 的 Linux 发行版，则可以运行 `sudo apt-get install pylint3` 来安装针对 Python 3 版本的 Pylint。

1. 在 Vim 中使用 Linter

很多常用的语法检查器都带有相关的插件，以避免用户过度纠结于语法检查器的细节。不过，在定制某种语法检查器时，如有必要，读者可以用 Vim 弹出一个快速恢复列表。

读者可以利用 Vim 的 `:make` 命令生成一个快速恢复列表。默认情况下，它会运行 UNIX 的 `make` 命令，但是可以通过设置 `makeprg` 变量改变此默认行为。

快速恢复列表会假设 `:make` 只以某种特定的格式输出结果，读者也可以尝试为其他格式找到适合的语法检查器。不过，这么做容易出错，而且有潜在的兼容性问题（因为所依赖的语法检查器可能会发生变化）。

在 `.vimrc` 中加入如下代码，它会在打开 Python 文件时替换默认的 `:make` 行为。

```
autocmd filetype python setlocal makeprg=pylint3\ --reports=n\ --msg-
template=\"{path}:{line}:\ {msg_id}\ {symbol},\ {obj}\ {msg}\"\ %:p
autocmd filetype python setlocal errorformat=%f:%l:\ %m
```

在打开 Python 文件的情况下，运行 `:make | copen` 命令就可以生成一个快速恢复列表，如图 5.30 所示。

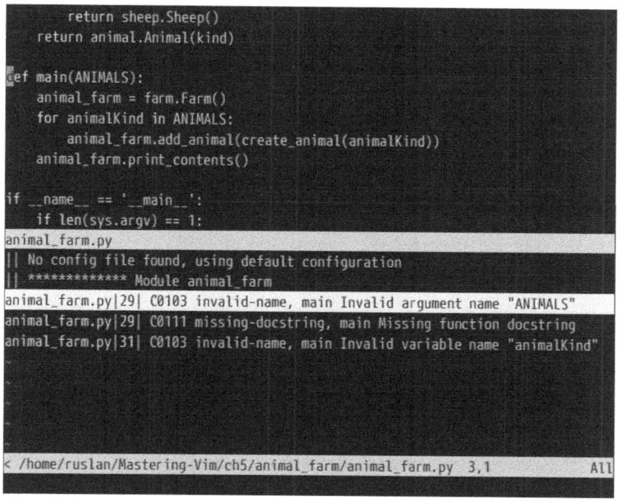

图 5.30

当不熟悉语法检查器的用法时,读者可能希望隐藏自己不关心的那些警告。对于 Pylint 而言,可以在~/.pylintrc 中加入代码 disable-invalid-name,missing docstring 来实现这一点,或者在文件尾加上代码 # pylint: disable=invalid-name。每一种语法检查器都有自己隐藏警告的方法。

2. 插件——Syntastic

Syntastic 是语法检查的首选插件,它支持超过 100 种语言(并且可以通过其他小型语法检查插件来扩展其功能)。

如果使用 vim-plug 安装插件,则可以在.vimrc 文件中加入代码 Plug 'vim-syntastic/Syntastic',并运行:w | source $MYVIMRC | PlugInstall 命令来完成 Syntastic 的安装。

Syntastic 对新手并不是非常友好,读者需要在.vimrc 中加入如下设置。

```
set statusline+=%#warningmsg#
set statusline+=%{SyntasticStatuslineFlag()}
set statusline+=%*

let g:syntastic_always_populate_loc_list = 1
```

```
let g:syntastic_auto_loc_list = 1
let g:syntastic_check_on_open = 1
let g:syntastic_check_on_wq = 0

let g:syntastic_python_pylint_exe = 'pylint3'
```

然后，只要在系统中安装一种 Python 语法检查器（如 Pylint），就可以在打开 Python 文件时看到对不恰当的语法问题的警告，如图 5.31 所示。

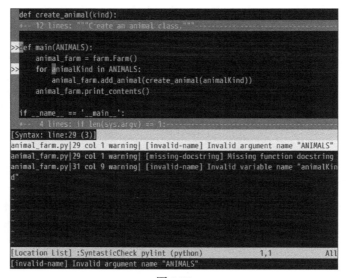

图 5.31

图 5.31 中有一些信息需要注意，从下至上依次如下。

- Syntastic 将有语法错误的行用>>标记出来。

- 出错的字符也被高亮显示出来。

- 打开了一个位置列表，列出了当前文件中的所有错误。

- 状态栏显示了当前行中的错误信息。

因为这只是一个正常的位置列表，所以读者可以在此窗口中使用常规命令浏览位置列表（如:lnext 或:lprevious）。

如果修改了错误，则语法错误列表会在文件保存时自动更新，如图 5.32 所示。

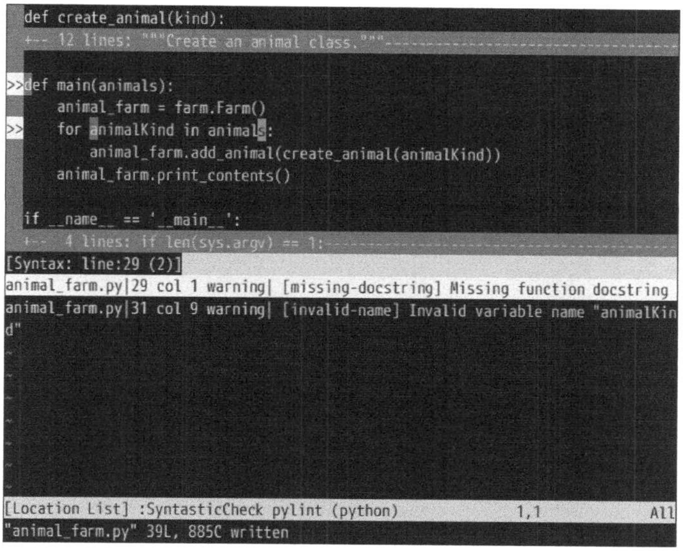

图 5.32

3．插件——ALE

异步语法检查引擎（Asynchronous Lint Engine，ALE）是语法检查领域的新手，不过它的流行程度接近于 Syntastic。它的主要优点是可以在输入时同步显示语法检查错误，即它在后台异步运行检查器。

> 如果使用 vim-plug 安装 ALE 插件，则可以通过在.vimrc 中加入 Plug
> 'W0rp/ale'，并运行:w | source $MYVIMRC | PlugInstall 命令
> 来完成。ALE 要求 Vim 的版本在 Vim 8 以上，或者使用 Neovim，因为它
> 依赖于 Vim 的异步调用功能。

ALE 是开箱即用的，而且其输出与 Syntastic 类似。图 5.33 是启用 ALE 之后的效果图（这里用:lopen 打开一个位置窗口）。

从图 5.33 中可以看到，错误行高亮显示，而屏幕底部的状态栏显示了相关的语法检查信息（linmessage）。

读者可以用:ALEToggle 命令来切换是否启用 ALE，以便在不需要语法检查时随时将它关闭。

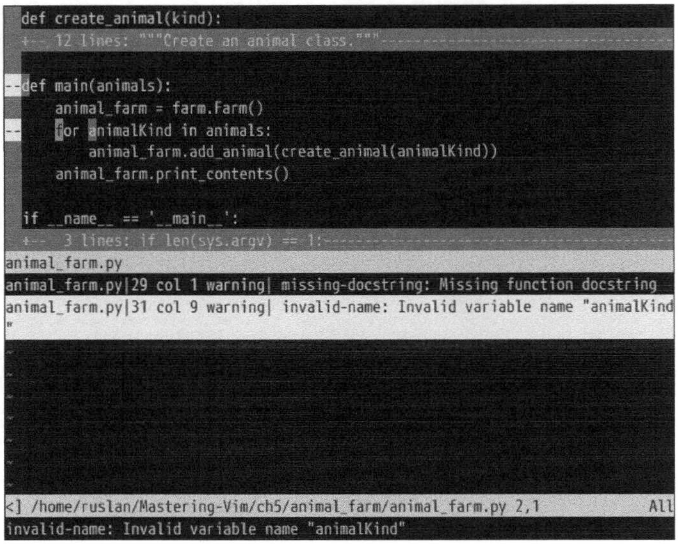

图 5.33

ALE 的功能已经超出了语法检查器的范畴，成为一个全功能的语言协议服务器，它支持自动补全、定义跳转，等等。当然，它还没有 YouCompleteMe（参见 4.2 节）那么完善和流行，但 ALE 也有了日益庞大且忠实的用户群体。

对于代码中的引用，可以使用:ALEGoToDefinition 命令跳转到定义，并使用:ALEFindReferences 命令查找定义的引用之处。为实现自动补全功能，需要在.vimrc 中加入代码 let g:ale_completion_enabled = 1。

5.6 小结

本章介绍了（或回顾了）Git 的使用方法，包括 Git 的核心要领、如何新建/克隆工程以及几个常用的命令。同时还介绍了 vim-fugitive 插件，这个工具让用户在 Vim 中以一种更具有交互性的方式使用 Git。

本章介绍了 vimdiff，它是 Vim 自带的工具，用于比较多个文件的差异或在文件之间消除差异。此外，本章中还展示了如何解决 Git 分支合并时的冲突，优化了用户体验。

本章介绍了在 Vim 中运行 Shell 命令的几种不同方式，包括 Tmux、Screen 和 Vim 终端模式。

本章还介绍了（全局的）快速恢复列表和（局部的）位置列表，它们都用于保存文件中某些行的引用。将它们与 :grep 和 :make 命令的输出结合起来，可以方便用户浏览。然后，本章解析了 :make 命令是如何调用外部编译器的、使用 vim-dispatch 插件来扩展 :make 命令功能的方法，以及利用 vim-test 来更流畅地运行测试的技巧。

最后，本章还推荐了几种在 Vim 中检查语法的方案，包括为 Pylint 定制自己的检查方案。另外还有两个插件，异步语法检查器 ALE 和流行的 Syntastic。

第 6 章中将介绍如何用 Vim 正则表达式和宏来实现代码重构操作。

第 6 章
用正则表达式和宏来重构代码

本章重点关注 Vim 提供的一些代码重构功能，包括如下几个方面。

● 使用 :substitute 进行搜索或替换。

● 使用正则表达式进行更智能化的搜索和替换。

● 使用参数列表（arglist）对多个文件进行操作。

● 提供代码重构操作的示例，比如方法的重命名和参数的重排序。

● 介绍宏的用法，宏可用于录制键盘动作，并回放。

6.1　技术要求

本章使用了多个代码示例，都可以在本书的 GitHub 官方仓库 PacktPublishing/Mastering-Vim 中找到。读者可以使用该仓库中的代码，也可以使用自己工程中的代码。

6.2　用正则表达式来搜索和替换

正则表达式（regular expression，regex）是一种很强大的工具，非常值得学习和掌握。Vim 有一套独特的正则表达式语法。

先来了解 Vim 中常规的搜索和替换命令。

6.2.1　搜索和替换

Vim 通过 :substitute 命令实现搜索和替换功能，大部分时候都会将其简写为 :s。默认情况下，:s 命令将当前行中的一个子字符串替换为其他字符串，其命令形式如下。

```
:s/<find-this>/<replace-with-this>/<flags>
```

<选项>参数是可选的。打开 animal_farm.py 文件，体验此命令。跳转到包含 cat 的行（如用搜索命令 /cat），然后执行 :s/cat/dog 命令。

如图 6.1 所示，当前行中的第一个 cat 被替换成了 dog。

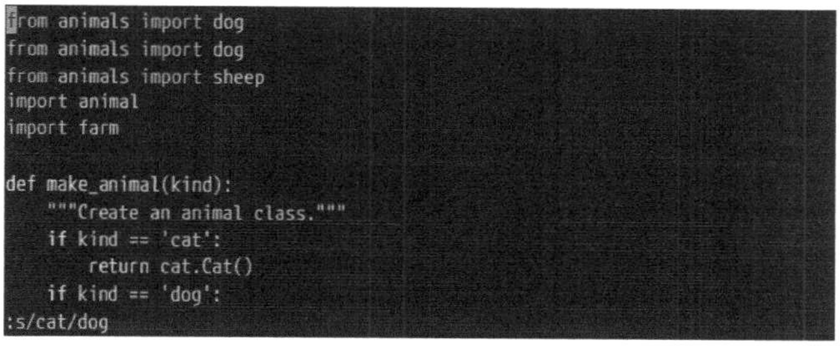

图 6.1

下面介绍 :substitute 的一些选项。

- g 表示全局替换，即将匹配到的所有项都替换掉，而不仅仅是第一个。
- c 表示每次替换前需要确认，即弹出一个界面供用户确认是否替换。
- e 表示没有匹配项时不显示错误。
- i 表示忽略大小写，即搜索时不关心大小写。
- I 表示区分大小写。

这些选项可以根据需求结合起来使用（除了 i 和 I 之外）。比如，命令 :s/cat/dog/gi 会将字符串 cat.Cat() 替换为 dog.dog()。

:substitute 命令可以作用于一个区间范围，即哪些内容中的匹配项会被替换掉。常用的范围是 %，它使 :s 命令作用于整个文件。

如果要将一个文件中的所有 animal 替换成 creature，则只需要执行 :%s/animal/creature/g 命令。

如果在文件 animal_farm.py 中执行此命令，则会看到如图 6.2 所示的效果，所有的 animal 都被替换成了 creature。

```
import creature
import farm

def make_creature(kind):
    """Create an creature class."""
    if kind == 'cat':
        return cat.Cat()
    if kind == 'dog':
        return dog.Dog()
    if kind == 'sheep':
        return sheep.Sheep()
    return creature.Animal(kind)

def main(creatures):
    creature_farm = farm.Farm()
    for creature_kind in creatures:
        creature_farm.add_creature(make_creature(creature_kind))
    creature_farm.print_contents()
    creature_farm.act('a farmer')

if __name__ == '__main__':
    if len(sys.argv) == 1:
        print('Pass at least one creature type!')
19 substitutions on 15 lines
```

图 6.2

替换完成之后，:substitute 会在屏幕底部的状态栏显示有多少个匹配项被替换掉了。这看起来已经像是一种简单的代码重构了。

:substitute 还支持其他区间范围，常用的有以下几种。

● 数字，表示行号。

● $表示最后一行。

● %表示整个文件（最常用的一种）。

● /search-pattern/，即在下一个搜索结果所在的行操作。

● ?backwards-search-pattern?，与/search-pattern/功能类似，只不过是反向搜索。

此外，这些区间范围可以用;运算符组合起来。比如 20;$表示从第 20 行到最后一行。

下面是一个更复杂的例子，它表示从第 12 行开始到找到包含 dog 的行，在这个范围内的所有 animal 都被替换成 creature。

```
:12;/dog/s/animal/creature/g
```

如图 6.3 所示，第 13 行和第 14 行中的两个 animal 被替换成了 creature，但是第 10 行或第 21 行中的 animal 没有发生变化（用 :set nu 命令显示行号）。

```
 1 #!/usr/bin/python3
 2
 3 """Our own little animal farm."""
 4
 5 import sys
 6
 7 from animals import cat
 8 from animals import dog
 9 from animals import sheep
10 import animal
11 import farm
12
13 def make_creature(kind):
14     """Create an creature class."""
15     if kind == 'cat':
16         return cat.Cat()
17     if kind == 'dog':
18         return dog.Dog()
19     if kind == 'sheep':
20         return sheep.Sheep()
21     return animal.Animal(kind)
22
23 def main(animals):
:12;/dog/s/animal/creature/g
```

图 6.3

读者还可以在可视模式中将选中的文字作为默认的区间，这时不指定任何区间，直接执行 :s 命令，会在选中的文字上执行替换操作。更多内容参见 :help cmdline-ranges 中关于区间的介绍。

> 如果读者使用的是 Linux 风格的路径，或路径中包含 / 符号，则可以用反斜划线 \ 符号进行转义，避免与替换命令的分隔符混淆。当然，也可以修改替换命令的分隔符，比如 :s+path/to/dir+path/to/other/dir+gc 中的命令分隔符被改成了 +，它等价
> 于 :s/path\/to\/dir/path\/to\/other\/dir/gc。

大部分情况下，读者可以用下面的命令将整个文件中的所有匹配项替换掉。

`:%s/find-this/replace-with-this/g`

在替换文本的时候，有时候读者可能只想替换那些完整的单词，这时可以用单词界定符 \< 和 \>。比如，在 animal_farm.py 文件中，若用 /animal 搜索（先启用 :set hlsearch 命令来高亮显示搜索结果），可以搜到所有的 animal，但是有些却不仅仅是 animal 单词本身，比如 animals，如图 6.4 所示。

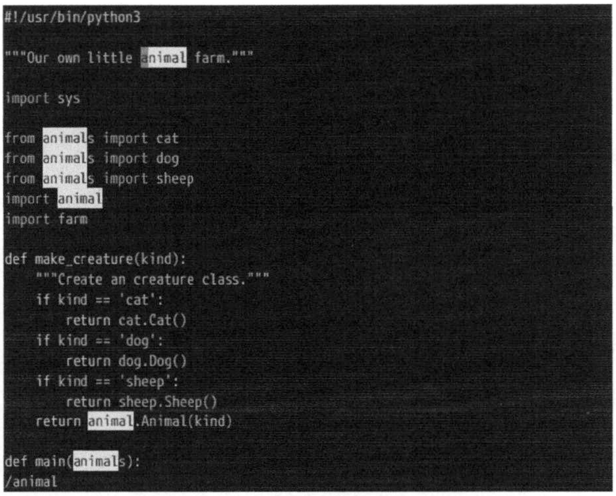

图 6.4

不过，如果使用/\<animal\>，就能精确匹配单词 animal，而将那些包含 animal 的其他单词排除在外，比如 animals，如图 6.5 所示。

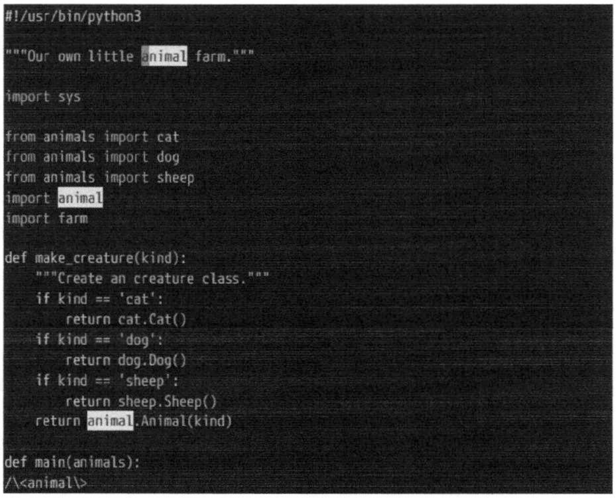

图 6.5

6.2.2　用参数列表来处理多个文件

参数列表（argument list，arglist）支持在多个文件中执行同一操作，而不需要用户预先加载缓冲区（它会帮用户自动加载）。

参数列表支持如下命令。

● :arg 用于定义参数列表。

● :argdo 对参数列表中的所有文件执行一条命令。

● :args 用于显示参数列表中的文件列表。

如果想递归将每个 Python 文件中的单词 animal 替换掉，则可以使用如下命令。

```
:arg **/*.py
:argdo %s/\<animal\>/creature/ge | update
```

这两条命令的含义如下。

● :arg <pattern>表示在参数列表中添加匹配<pattern>模式的那些文件名，每个文件名对应有它自己的缓冲区。

● **/*.py 是通配符，表示所有.py 文件，它会递归匹配当前目录下的所有.py 文件。

● :argdo 对参数列表中的每一项执行同一条命令。

● %s/\<animal\>/creature/ge 将每个文件中的每一个（选项 g 的作用）单词 animal 都替换成 creature，如果哪个文件中没找到，也不会报错（选项 e 的作用）。

● update 等价于:write，用于保存每个被修改过的缓冲区。

 前面已经介绍过，\<和\>之间的 animal 表示的是单词 animal 的精确匹配，并排除那些包含 animal 的其他单词，比如 animal_farm 或 animals。

这里的 update 是必要的，因为 Vim 在切换缓冲区时推荐保存当前缓冲区。另一种方案是使用:set hidden 命令，它会隐藏那些警告，读者可以在所有替换完成之后用:wa 命令保存所有缓冲区。

读者尝试运行这条命令，可以发现相关文件中的每一个匹配到的单词都被替换掉了（可以通过 git status 或 git diff 来查看 Git 仓库中的文件修改情况）。参数列表中的文件列表可以通过:args 命令来查看。

实际上，参数列表是 Vi 时代的遗留产物，那时的参数列表与今天缓冲区的使用方式类似。只不过现在的缓冲区涵盖了参数列表：每个参数列表项都在缓冲区列表中，但不是每个缓冲区都在参数列表中。

从技术方面而言，读者可以用:bufdo 命令来替代:argdo 命令（因为参数列表项都在缓冲区列表中），它会对每个打开的缓冲区执行同一操作。但是，这种行为是不明智的，因为生成参数列表之前可能已经无意中打开了其他缓冲区，使用:bufdo 命令会对这一部分文件产生误操作。

6.2.3　正则表达式基础

正则表达式可以在替换命令和搜索命令中使用。正则表达式引入了一些特殊模式，每种模式匹配一组字符，比如以下几种。

- \(c\|p\)arrot 同时匹配 carrot 和 parrot，这里的\(c\|p\)表示 c 或 p。

- \warrot\?同时匹配 carrot、parrot，甚至还匹配 farro，这里的\w 表示所有单词字符，而 t\?表示 t 字符是可选的。

- pa.\+ot 匹配 parrot、patriot，甚至还匹配 pa123ot，这里的.\+表示一个或多个任意字符。

如果读者已经熟悉其他正则表达式变体（语法稍有不同），会发现和其他很多正则表达式不同，Vim 中的正则表达式的特殊字符需要用\来转义（默认情况下，大部分字符都不是正则表达式，只有少数例外，比如.或*）。当然，读者可以通过魔法模式改变这种行为，后面会介绍这个模式。

1．正则表达式中的特殊字符

接下来将更深入地介绍正则表达式，表 6.1 是几个常用的正则表达式符号。

表 6.1

符　　号	含　　义
.	任意字符，但不包括行尾
^	行首
$	行尾
_	任意字符，包含行尾
\<	单词开始
\>	单词结尾

这类符号的完整列表可参考文档:`help ordinary-atom`。

还有一类正则表达式称为字符类（character class），如表 6.2 所示。

表 6.2

符　　号	含　　义
\s	一个空白符（包括 Tab 和 Space）
\d	一个数字
\w	一个单词字符（包括数字、字母或下划线）
\l	一个小写字符
\u	一个大写字符
\a	一个字母字符

这些字符类的大写版本表示它们的反类，比如\D 匹配所有非数字的字符，而\L 匹配除小写字母外的所有字符（注意，不仅仅是大写字符）。

字符类的完整列表可参考文档:`help character-classes`。

读者也可以显式地指定一个字符集合，供匹配时选择，语法是使用一对方括号[]。比如，[A-Z0-9]匹配所有的大写字母和数字，而[,4abc]只会匹配逗号、数字 4 和字母 a、b、c。

在字符集合中,可以用短横线-来指定一个范围,这适用于构成序列的那些符号（如数字或字母表）。比如[0-7]表示 0～7 的数字，而[a-z]表示 a～z 的所有小写字母。

一个更复杂的例子是[0-9A-Za-z_]，它匹配字母、数字和下划线。

读者也可以取一个字符集合的补集，只需要在字符集合的前面加上脱字符^即可。如果要匹配所有非字符数字的符号，则可以使用字符集合[^0-9A-Za-z]。

2. 交替和分组

Vim 还支持一些更特殊的操作符，如表 6.3 所示。

表 6.3

符　号	含　义
|	交替
\(\)	分组

交替（alternation）操作起到的是"或"的作用，比如，carrot\|parrot 同时匹配 carrot 和 parrot。

分组（grouping）用于将多个字符放在一个组里，这样做有两个好处。首先，分组可以与其他正则表达式组合使用，比如\(c\|p\)arrot 是一种同时匹配 carrot 和 parrot 的更精准的方式。

另外，分组匹配到的字符串还可以在后面的替换中重用。如果读者希望将 cat hunting mice 替换成 mice hunting cat，则可以使用替换命令:s/\(cat\) hunting \(mice\)/\2 hungint \1/。

显然，分组是有助于代码重构的，比如，可用分组功能对函数的参数进行重排序。后面还会详细介绍这一点。

3．量词和重数

每个字符（无论是字面字符，还是特殊字符）或字符区间后面都可以接一个量词（quantifier），在 Vim 中称为重数（multi）。

比如，\w\+匹配一个或多个单词字符，而 a\{2,4}匹配 2～4 个连续的字符 a（如 aaa）。

表 6.4 中是一些常用的量词。

表 6.4

符　号	含　义
*	0 或多个，贪婪匹配模式
\+	1 或多个，贪婪匹配模式
\{-}	0 或多个，非贪婪匹配模式
\?或\=	0 或 1 个，贪婪匹配模式
\{n,m}	n～m 个，贪婪匹配模式
\{-n,m}	n～m 个，非贪婪匹配模式

量词的完整列表可参考：`help multi`。

在表 6.4 中，读者应该注意到了两个新术语：贪婪匹配模式（greedy）和非贪婪匹配模式（non-greedy）。贪婪匹配模式指的是尽可能多地匹配字符，而非贪婪匹配模式则是尽可能少地匹配字符。

比如，对于字符串 `foo2bar2`，贪婪正则表达式`\w\+2` 将匹配 `foo2bar2`（尽可能多地匹配，直到最后一个 2 为止），而非贪婪的`\w\{-1,}`只会匹配 `foo2`。

6.2.4 魔法（magic）详解

如果读者只是偶尔在搜索或替换时使用正则表达式，那么使用反斜划线`\`对特殊字符转义是没有什么问题的。但是，当需要编写较长的正则表达式时，读者大概不愿意对每一个特殊字符都转义，这时候就需要用到 Vim 的魔法模式了。

Vim 的魔法模式用于确定如何解析正则表达式字符串（如搜索和替换命令）。Vim 有 3 种魔法模式：基本魔法、无魔法和深度魔法。

1．基本魔法（magic）

这是默认的模式，大部分特殊字符都需要转义，少数例外（如`.`和`*`）。

读者可以显式设置基本魔法模式，在正则表达式字符串前面加上`\m` 即可，比如 `/\mfoo` 或`:s/\mfoo/bar`。

2．无魔法（no magic）

无魔法模式类似于基本魔法模式，只不过每一个特殊字符都需要用反斜划线`\`转义，包括`.`和`*`等字符。

比如，在默认的基本魔法模式下，搜索包含任意文本的行的命令为`/^.*$`，这里的`^`表示行首，`.*`表示 0 个或多个任意字符，而`$`表示行尾。而在无魔法模式中，这个命令则写为`/\^\.\*\$`。

读者可以显式地设置无魔法模式，在正则表达式前加上`\M` 即可，比如`/\Mfoo` 或`:s/\Mfoo/bar`。无魔法模式可以在`.vimrc` 中设置，命令为 `set nomagic`，但不建议这样做，因为修改 Vim 处理正则表达式的方式将很可能影响读者正在使用的很多插件（因为这些插件的作者可能并没有考虑无魔法模式）。

3．深度魔法（very magic）

深度魔法模式将数字、字母和下划线之外的字符都视为特殊字符。

使用深度魔法的方式是在正则表达式字符串之前添加 \v，比如 /\vfoo 或 :s/\vfoo/bar。

深度魔法模式的使用场合是特殊字符比较多的时候。比如，在基本魔法模式下，使用如下命令将 cat hunting mice 替换成 mice hunting cat。

```
:s/\(cat\) hunging \(mice\)/\2 hunting \1
```

而在深度魔法模式下，这条命令可写成下列形式。

```
:s/\v(cat) hunging (mice)/\2 hunting \1
```

6.2.5 正则表达式的实际案例

重构代码中常涉及的操作是重命名和重排序，而正则表达式是实现这些功能的完美工具。

1．变量、方法或类的重命令

重构代码常常需要重命名，而且是在整个代码库中进行重命名。不过，简单的搜索和替换往往无法完成这样的任务，因为有可能会改动一些不相关的东西。

比如，将 Dog 类重命名为 Pitbull。因为这个重命名操作需要在多个文件中进行，所以要用到参数列表。

```
:arg **/*.py
```

然后，将光标移动到需要重命名的类上，比如这里的 Dog，然后执行如下命令（这里的<[Ctrl + r, Ctrl + w]\>表示先按 Ctrl + r 组合键，再按 Ctrl + w 组合键，不要输入中括号）。

```
:argdo %s/\<[Ctrl + r, Ctrl + w]\>/Pitbull/gec | update
```

运行之后，每次匹配处都会弹出提示，如图 6.6 所示。

出现提示时，按 y 表示同意修改，而 n 表示拒绝修改。这条命令的含义如下。

- :argdo 表示在参数列表中每一项上执行某个操作（这些参数列表项是用 :arg 加载的）。

```
import sys

from animals import cat
from animals import dog
from animals import sheep
import animal
import farm

def make_animal(kind):
    """Create an animal class."""
    if kind == 'cat':
        return cat.Cat()
    if kind == 'dog':
        return dog.Dog()
    if kind == 'sheep':
        return sheep.Sheep()
    return animal.Animal(kind)

def main(animals):
    animal_farm = farm.Farm()
    for animal_kind in animals:
        animal_farm.add_animal(make_animal(animal_kind))
    animal_farm.print_contents()
replace with Pitbull (y/n/a/q/l/^E/^Y)?
```

图 6.6

- %s/.../.../gec 表示在整个文件中（%）中替换每一个匹配（g），没有找到匹配项时不提示错误（e），并且在修改前需要进行确认（c）。

- \<...\>表示匹配整个单词，而不仅仅是局部匹配（否则，类似于 Dogfish 的类也会被替换掉，与这里的用意不符）。

- Ctrl + r, Ctrl + w 是一个快捷键，它的作用是将光标下的单词插入当前命令中（这里的 Dog）。

这个方法有一个缺点，执行命令之后，读者会卡在很多个对话窗口中，无法先查看文件。如果读者希望得到更多控制权，另一种方案是先用:vimgrep 命令寻找匹配项。

`:vimgrep /\<Dog\>/ **/*.py`

然后，读者就可以查看匹配项，并用:cn 或:cp 命令在多个匹配项之间跳转（或者用:copen 打开一个快速恢复窗口，并在该窗口中跳转），如图 6.7 所示。

当跳转到一个匹配项时，读者可以通过常用的修改命令来替换单词（如输入 cw，然后输入 Pitbull，再按 Esc 键回到正常模式），然后按句点符.来重复之前的修改操作。读者也可以使用非全局的替换命令:s/\<Dog\>/Pitbull 来执行修改操作。

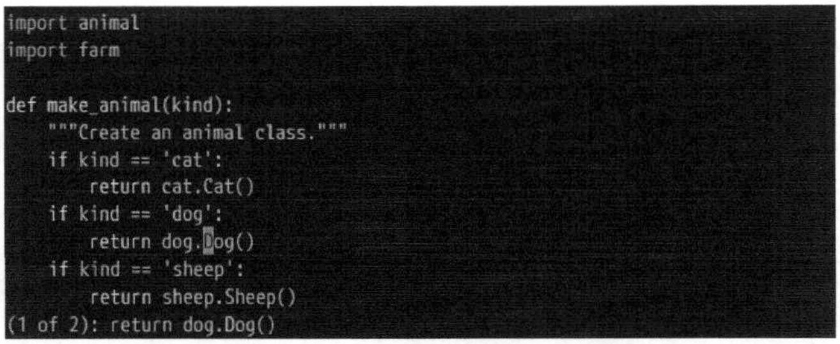

图 6.7

2. 函数参数的重排列

另一个常用的重构操作是修改函数的参数。这里仅介绍参数的重排序，相关的操作也同样适用于其他场合。

下面是 animal.py 中定义的一个方法。

```
def act(self, target, verb):
    return 'Suddenly {kind} {verb} at {target}!'.format(
        kind=self.kind,
        verb=verb,
        target=target)
```

此方法的参数顺序不是非常直观，读者可能希望将其调整为如下形式。

```
def act(self, verb, target):
    return 'Suddenly {kind} {verb} at {target}!'.format(
        kind=self.kind,
        verb=verb,
        target=target)
```

但是，该方法已经在多个地方被调用了，比如 farm.py 中用到了这个方法（当然，这里的代码都只是用于演示）。

```
def act(self, target):
    for animal in self.animals:
        if animal.get_kind() == 'cat':
            print(animal.act(target, 'meows'))
        elif animal.get_kind() == 'dog':
            print(animal.act(target, 'barks'))
        elif animal.get_kind() == 'sheep':
            print(animal.act(target, 'baas'))
        else:
            print(animal.act(target, 'looks'))
```

因此，这个重构任务适合用正则表达式来完成，完整命令如下。

```
:arg **/*.py
:argdo %s/\v<act>\((\w{-1,}), ([^,]{-1,})\)/act(\2, \1)/gec | update
```

如图 6.8 所示，每次匹配时都会弹出一个确认界面（`:substitute` 命令中的 c 选项的作用）。

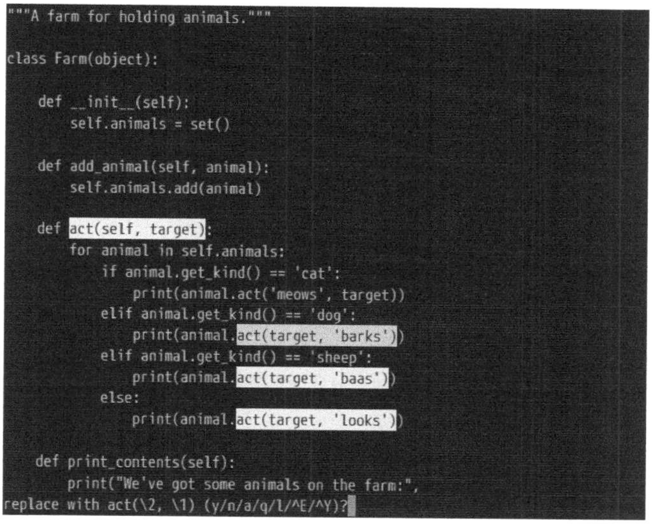

图 6.8

此命令的含义如下。

- `\v` 将后面的字符串设置为深度魔法模式，不需要对每个特殊字符都转义。

- `<act\(` 匹配字符串 act(，并且确保 act 是一个完整单词，也就是说诸如 react(之类的部分匹配不符合。

- `(\w{-1,}), ([^,]{-1,})\)` 定义了用一个逗号和一个空格分隔的两个分组，以及随后的一个右括号。第一个分组是至少包含一个字符的一个单词，而第二个分组是至少包含一个字符的任意字符串（不能包含逗号），这样就可以匹配 act(target, 'barks')，而不会匹配 act(self, target, verb)。

- 最后，act(\2, \1)将两个分组交换次序。

6.3　宏的录制和回放

宏是一种非常强大的工具，它支持录制一系列动作，然后用于回放。

比如，读者可以用宏来执行 6.2 节中的操作。下面是 farm.py 中的代码。

```
...
def act(self, target):
    for animal in self.animals:
        if animal.get_kind() == 'cat':
            print(animal.act(target, 'meows'))
        elif animal.get_kind() == 'dog':
            print(animal.act(target, 'barks'))
        elif animal.get_kind() == 'sheep':
            print(animal.act(target, 'baas'))
        else:
            print(animal.act(target, 'looks'))
...
```

现在，需要将 animal.act 函数调用中的参数重新排序。打开 farm.py，用 gg 命令将光标移到文件开头，如图 6.9 所示。

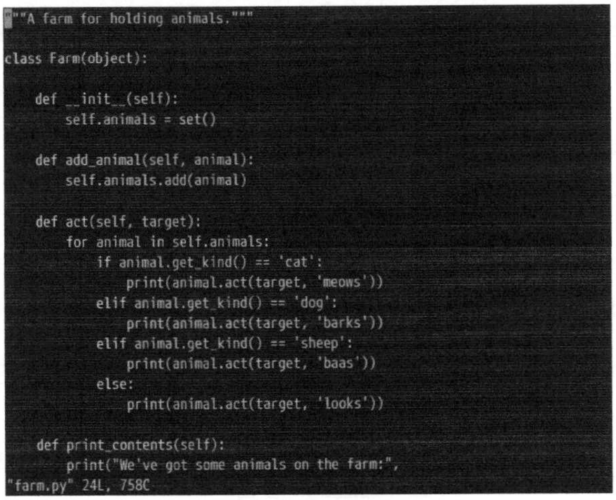

图 6.9

用命令 q 进入宏录制模式，后面是任意寄存器，即 qa 命令（这里用的是寄存器 a）。然后，我们可以在状态栏中看到 recording @a 的字样，表示宏已经开始录制，如图 6.10 所示。

图 6.10

之后的每一个移动操作或编辑操作都会在宏模式下被记录下来，在回放时被重复。这也是需要录制宏的原因，在宏模式下的每一个移动或编辑操作都需要考虑到后续的回放。

现在，通过/animal.act 搜索第一个匹配项，如图 6.11 所示。

图 6.11

注意，这里用搜索来定位，而不是行号，因为只有这样的操作才可以在剩下的文本中重复进行。

然后，将光标移动至单词 target 上。既可以让光标跳过 4 个单词（4w），也可以先跳转到左括号（f()再向右移动一个字符（l），如图 6.12 所示。

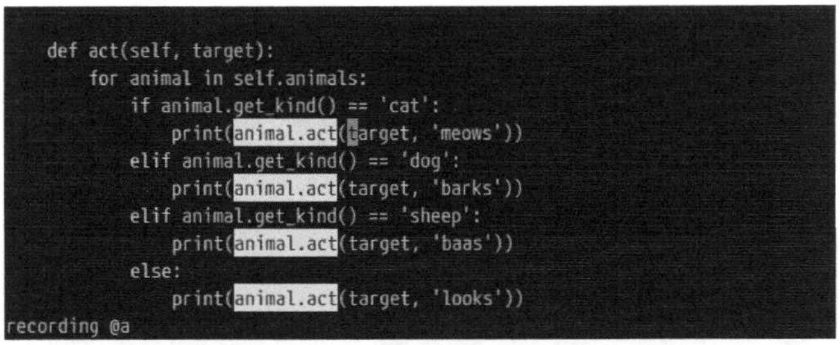

图 6.12

因为后面还需要粘贴 target,所以要将其存入一个寄存器。命令 "bdw 会将 target 单词删除,然后存入寄存器 b,如图 6.13 所示。

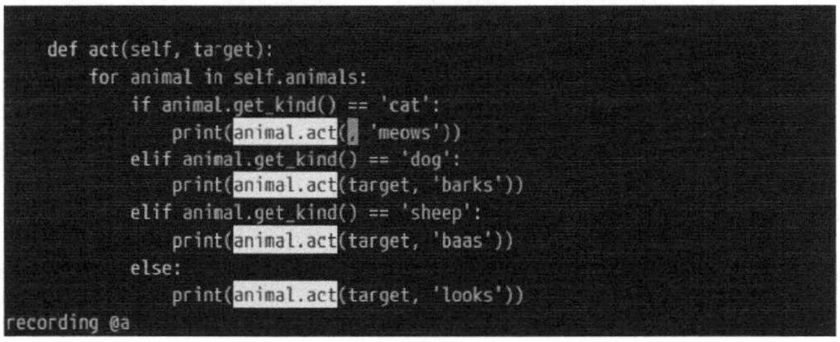

图 6.13

然后,删除后面的逗号。这时就不需要用寄存器了,也不用担心会覆盖寄存器中的 target,因为 target 被保存到了寄存器 b 中,而刚删除的逗号被存在默认的寄存器中,如图 6.14 所示。

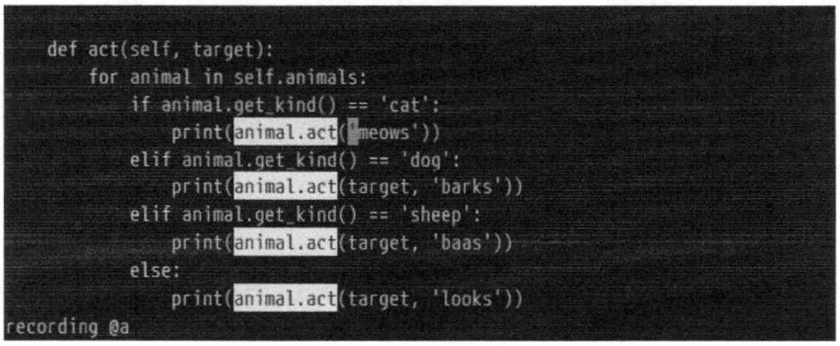

图 6.14

然后,用 f' 跳转到 meows 后面的引号上面,如图 6.15 所示。

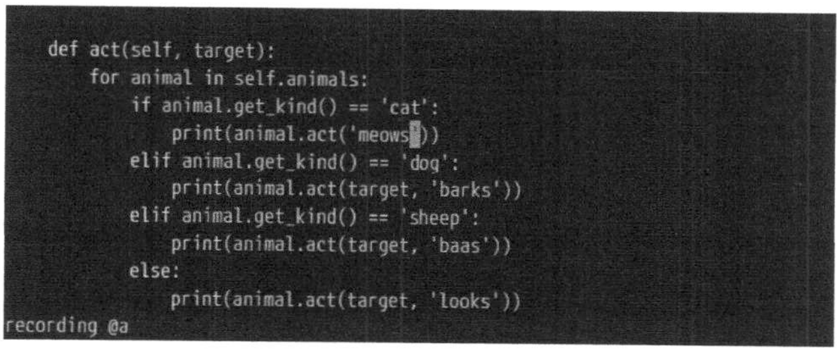

图 6.15

然后，在引号后面添加一个逗号，命令为 a，（在光标后面进入插入模式，然后输入逗号","），并按 Esc 键返回到正常模式，如图 6.16 所示。

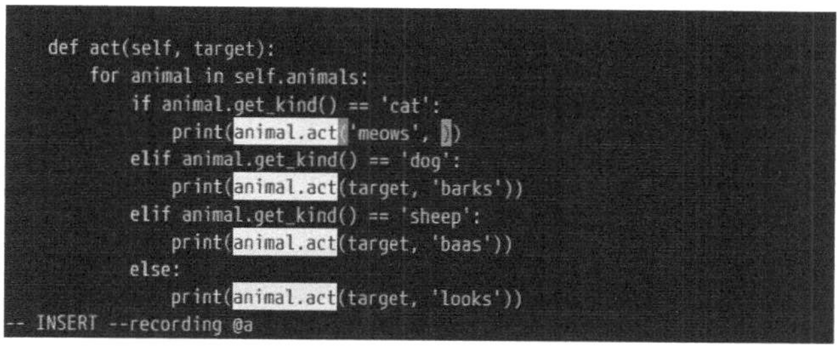

图 6.16

最后是将寄存器 b 中的内容粘贴出来，命令是"bp，如图 6.17 所示。

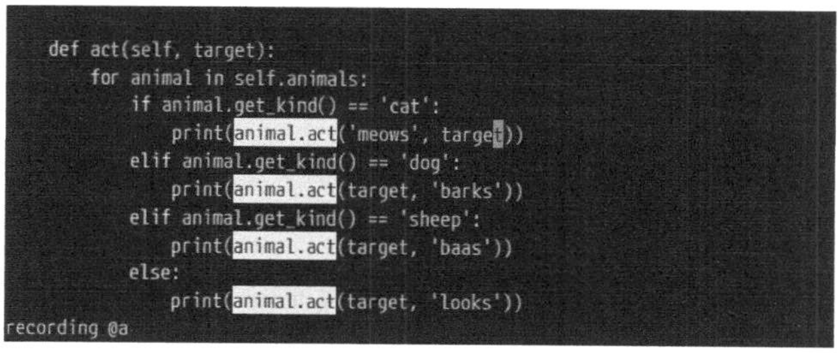

图 6.17

录制过程完成。按 q 键退出宏录制过程，可以看到状态栏中的 recording @a 字样已经消失了。

我们可以用@a命令回放这个宏，如图 6.18 所示。

```
def act(self, target):
    for animal in self.animals:
        if animal.get_kind() == 'cat':
            print(animal.act('meows', target))
        elif animal.get_kind() == 'dog':
            print(animal.act('barks', target))
        elif animal.get_kind() == 'sheep':
            print(animal.act(target, 'baas'))
        else:
            print(animal.act(target, 'looks'))
```

图 6.18

 @@是一个不错的快捷方式，它可以回放最后一次运行的宏。

　　读者也可以在回放命令前添加数字，表示多次重复，比如 2@a 会重复执行两次。不过，这里还有一个问题。上面的录制过程中，用搜索来定位匹配项，当搜索到达文件末尾时，它会重新回到文件开头，在已经修改过的文本上重复操作，如图 6.19 所示。

```
def act(self, target):
    for animal in self.animals:
        if animal.get_kind() == 'cat':
            print(animal.act('meows', 
        elif animal.get_kind() == 'dog':
            print(animal.act('barks', target))
        elif animal.get_kind() == 'sheep':
            print(animal.act('baas', target))
        else:
            print(animal.act('looks', target))
```

图 6.19

　　宏的问题还有很多，这只不过是其中一例。需要强调的是，宏并不神奇，它只不过是简单的重复而已。

　　那么，怎么才能避免上述宏再次回到文件开头呢？

　　当一个宏执行出错时，它会停下来。搜索过程中，若在光标之后找不到匹配项，Vim会默认跳到光标之前，而不会产生错误。因此，我们需要手动产生一个错误，使宏无须做无用功。

　　在本例中，只需要让搜索过程不再返回文件开头重复操作，即让搜索到达文件末尾时产生一个错误，命令是:set nowrapscan。

执行这个命令之后，回放宏将产生一个错误，如图 6.20 所示。

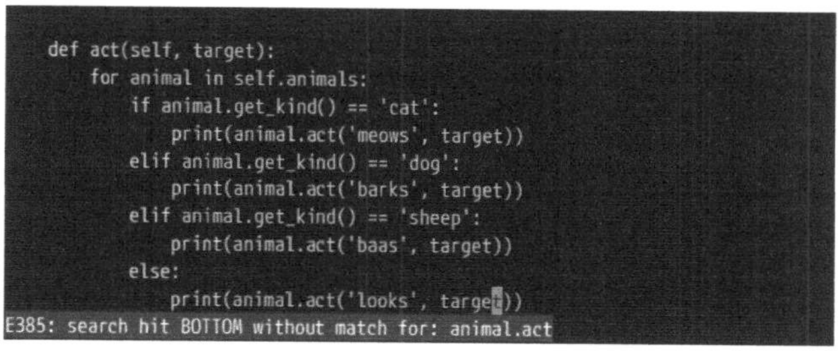

图 6.20

现在，读者可以安全地执行这个宏任意多次。

出于对搜索过程中的错误的敏感性考虑，或者读者在搜索过程中对匹配项不确定，因此独立的搜索有时是必要的。比如，读者可以在宏之外搜索/animal.act，然后再决定是否执行宏。

读者可以用 n 跳转到下一个 animal.act，在确定要修改后，就用@a 或@@来运行宏。

6.3.1 宏的编辑

宏被保存在寄存器中，与复制和粘贴操作使用的寄存器基本没有区别。读者可以用:reg 命令来查看每个寄存器中的内容，如图 6.21 所示。

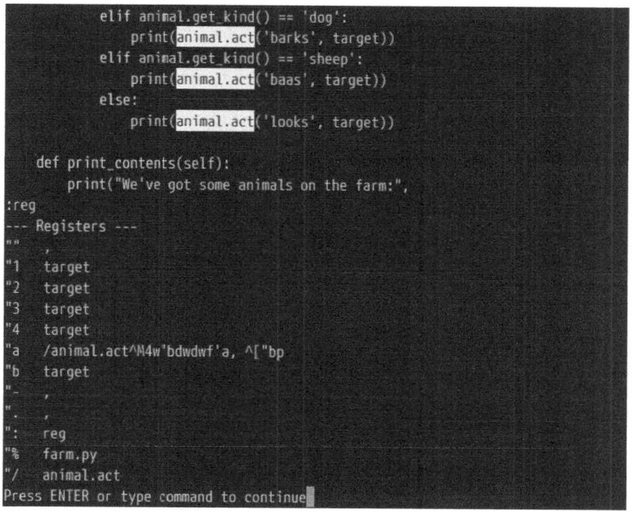

图 6.21

我们可以在列表的中间位置看到"a，即保存宏的寄存器。查看这个寄存器内容的命令为:echo @a。

在图 6.21 中可以看到，一些特殊字符的表示方法有些不同。比如，^[表示 Esc 键，而^M表示 Enter 键。

事实上，宏和寄存器没有区别，只不过，读者可以用 q 命令往寄存器中附加按键，而@命令则重复执行寄存器中的按键序列。

既然宏也相当于一个寄存器，读者可以用 p 命令来将其粘贴出来。用:new 命令打开一个新的缓冲区，并用"ap命令将寄存器中的宏粘贴出来，如图 6.22 所示。

图 6.22

这样，读者就可以自由编辑宏的内容，而无须将整个过程重新操作一遍。

编辑完成之后，可以将其复制回原来的寄存器，命令为_"ay$。_表示回到行首，"a 表示使用寄存器 a 来复制，而 y$表示复制整行，直到行尾为止。

总之，我们用"ap 将寄存器 a 中的内容粘贴出来，编辑完成后再用_"ay$将修改后的内容重新放回这个寄存器。

 Vim 命令不需要逐个字母去记忆，读者应该关心的是每个命令的作用是什么。以_"ay$为例，它的作用是回到行首（_），以寄存器 a 为复制目的地（"a），然后复制（y，英文为 yank）至行尾（$），这比死记硬背容易多了。

6.3.2　递归的宏

前面介绍了在@前面加数字表示多次重复运行宏，但对于计算机科学从业人员而言，应该还有更好的做法。

Vim 支持递归的宏，但是使用递归宏之前需要了解一些注意事项。

首先，读者要确保记录宏的寄存器是空的。进入宏录制模式，然后立即退出，就可以清该寄存器。比如要清空寄存器 b，可以用命令 qbq 实现。

然后，按通常的方式录制宏，并在录制过程中调用宏，比如@b。

下面是一个使用递归宏的例子，其目标是将下列 Python 字典中的键和值进行交换。

```
animal_noises = {
    'bark': 'dog',
    'meow': 'cat',
    'silence': 'dogfish',
}
```

宏的录制过程如下。将光标置于'bark': 'dog'所在行的行首，如图 6.23 所示。

宏被保存在寄存器 b 中。首先，将此寄存器清空，然后进入宏录制模式，组合命令为 qbqqb（qbq 用于清空寄存器 b，而 qb 表示进入录制模式）。

图 6.23

然后，为了交换 bark 和 dog，需要将其中一个词存放于另外一个寄存器中，比如 c，然后将另一个词存放于默认寄存器中（删除操作会将删除的内容存放于默认寄存器中），即先用"cdi'将单引号内的内容存放于寄存器 c，如图 6.24（a）所示，然后用 W 命令将光标移动到'dog'，并用 di'命令将 dog 保存到默认寄存器中，如图 6.24（b）所示。

将光标左移一个字符（h 或 b），从寄存器 c 中取出 bark，插入两引号之间（命令为"cp），如图 6.24（c）所示。

然后，将光标移动至行首（命令为_），并从默认寄存器中粘贴 dog（命令为 p），如图 6.24（d）所示。

至此，录制过程基本完成。现在，将光标移动到下一行（命令为 j），并移动至行首（命令为_），如图 6.24（e）所示。重新执行宏 b，命令为@b，但什么也不会发生，因为目录寄存器 b 是空的。用 q 完成宏的录制。

完成录制之后，就可以只执行一次@b，它会访问当前文件中的每一行，并执行交换操作，如图 6.24（f）所示。

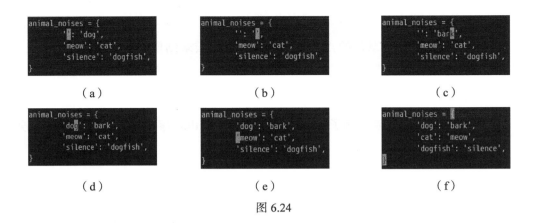

图 6.24

读者只需要将宏调用附加到寄存器的末尾，就可以实现宏的递归调用。对于已有的宏，为了附加宏调用，需要使用大写版本的寄存器编号。比如，为了让寄存器 b 能够递归调用，运行 qB@bq 就可以将 @b 添加到这个宏的末尾。

6.3.3　跨文件运行宏

如果要在多个文件上运行一个宏，可以使用前面介绍过的参数列表。

参数列表支持用 :normal 命令来执行正常模式下的命令。比如，读者可以用下列方式运行寄存器 a 中的宏。

```
:arg **/*.py
:argdo execute ":normal @a" | update
```

这里的 :normal @a 表示在正常模式下运行宏 a，而 update 用于保存缓冲区的内容。递归宏同样适用于参数列表。

6.4　用插件来实现代码重构

读者肯定会问："难道没有插件可以完成代码重构吗？"，答案是肯定的，而且支持代码重构操作的插件有很多，包括修改参数、重命令和方法提取，等等。

不过，当读者尝试过现有的代码重构方案之后，会发现它们虽然差不多可以完成任务，但总感觉缺少点什么。这也是重点介绍用替换命令来实现代码重构的原因。在实际的工作流程中，相比于基于 :substitute 命令的代码重构，使用代码重构插件的成本会更高一些。

在编写本书时，还未出现值得强烈推荐的代码重构插件。有些插件只针对特定语言，还有一些插件则只能实现部分代码的重构需求。比如，YouCompleteMe 插件提供了基于语义的命令重命名功能（:YcmComplete RefactorRename）。

这里建议读者首先要明确自己需要哪些操作，然后再去尝试相关插件。在网络上搜索"vim refactoring plugins"就可以找到一些相关的插件。

6.5 小结

本章主要介绍了:substitute 命令和宏，这是代码重构中会用到的两种强大的工具。

首先，本章中介绍了:substitute 命令及其选项。同时还介绍了参数列表，它可以用于在多个文件中执行一条命令。

:substitute 命令还支持正则表达式，这是一种比简单字符串匹配更强大的工具，能够使用户获得更轻松的使用体验。本章中介绍了正则表达式的基础知识和 Vim 的魔法模式（解析含正则表达式字符串的 3 种不同方式）。

然后，本章中还介绍了宏，宏用于录制用户的键盘操作，读者可以在必要时回放一个宏。宏和寄存器的编辑方式一样，还可以递归调用，实现任意次数的重复执行。

第 7 章将介绍如何对 Vim 进行定制，以满足个性化的编辑体验。

第 7 章
定制自己的 Vim

本章介绍 Vim 定制，以及提高 Vim 易用性的方法。每个人的需求是不同的，本章的目标就是帮助读者拥有自己的风格。

本章涉及如下几个方面。

- Vim 的配色和界面美化。

- 定制 Vim 的状态栏，以显示更多信息。

- 针对 gVim 的图形用户界面的配置。

- 定制工作流程时的健康习惯。

- 组织 .vimrc 的方法学。

7.1 技术要求

本章将介绍一些文件结构组织方法，可以使读者的 .vimrc 结构更加清晰。与前面的章节不同，这里并不提供样例代码，读者可以修改自己的 .vimrc，并尝试本章提到的各种技术。

此外，本章还会使用 pip 来安装一些 Python 包，读者需要确保自己的系统中已经安装了 pip。安装 pip 的命令如下所示。

```
curl https://bootstrap.pypa.io/get-pip.py -o get-pip.py && python3 get-pip.py
```

7.2 Vim 用户界面

Vim 用户界面是可扩展的，读者可以改变 Vim 的主题，修改某些界面元素的显示方式，并且增强状态栏中的信息显示。此外，gVim 还有更多其他可定制选项。

7.2.1 配色

Vim 中可以使用多种配色，一部分是 Vim 自带的，一部分则由社区成员提供。

读者可以通过在 .vimrc 中设置 colorscheme 来设置配色，如下所示。

```
:colorscheme elflord
```

通过执行 :colorscheme Ctrl + d 命令，可以看到当前安装的配色列表（这里的 Ctrl + d 表示快捷键），如图 7.1 所示。

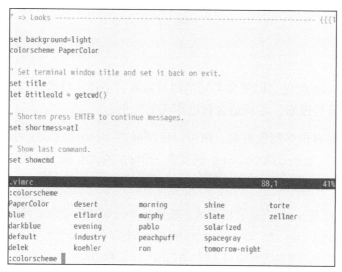

图 7.1

上面的例子中，使用的是 :colorscheme PaperColor，它来自于 GitHub 仓库 NLKNguyen/papercolor-theme。

读者可以进一步定制配色，修改其背景色，即将 background 选项设置为 light 或 dark（必须在设置 colorscheme 之前完成）。

比如，图 7.2 为图 7.1 的暗色调版本，即 set background=dark 配合 PaperColor
配色。

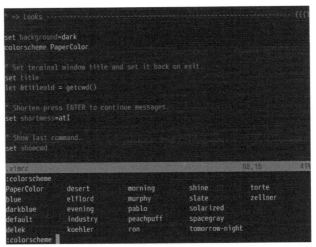

图 7.2

1．浏览配色

网上有很多 Vim 配色，以迎合不同的用户需求。不过，目前并没有一个权威的配色
资源。读者需要自行搜索，寻找适合自己审美的配色。

如果读者已经有很多配色方案，则可以使用插件 ScrollColors 来帮助自己从中
找出最喜欢的样式。ScrollColors 插件有一个 :SCROLL 命令，可以供用户交互式地
浏览不同的配色。

如果使用 vim-plug 管理插件，则安装 ScrollColors 的方法为在 .vimrc
中添加 Plug 'vim-scripts/ScrollColors'代码，然后运行 :w |
source $MYVIMRC | PlugInstall 命令。

在 GitHub 仓库 flazz/vim-colorschemes 中也有大量的 Vim 配色，其中包括数
百个受用户欢迎的配色。本书作者喜欢的配色都是从那里找到的。对读者而言，这应该
是一个不错的资源。

vim-colorschemes 插件和 ScrollColors 可以配合使用，方便用户浏览流行
的配色方案。

vim-colorschemes 可通过 vim-plug 安装，安装方法为在 .vimrc 中添加 Plug 'flazz/vim-colorschemes' 代码，然后运行 :w | source $MYVIMRC | PlugInstall 命令。

2. 常见问题

有时候，读者会发现自己正在试用的配色并没有示例图片看起来那么漂亮，而且颜色数目好像也不够多。

最可能的原因是终端模拟器错误地告诉 Vim 它只支持 8 种颜色，而现代终端模拟器普遍支持 256 种颜色。为解决这个问题，读者需要正确地设置 $TERM 环境变量。

这种情况极有可能发生在 Tmux 和 GNU Screen 中，因为它们错误地汇报了颜色数目。

 如果读者觉得 256 种颜色还不够用，某些终端还支持 24 位颜色，通常称为真彩色。如果读者的终端支持 24 位真彩色（网上搜索确认一下），可在 ~/.vimrc 中添加 set termguicolors。

为查看环境变量 $TERM 当前的值，可运行如下命令。

```
$ echo $TERM
```

如果使用 Tmux，则在 .tmux.conf 中添加如下设置。

```
set -g default-terminal "xterm-256color"
```

如果使用 GNU Screen，则在 .screenrc 中添加如下设置。

```
term "xterm-256color"
```

如果上述方法还不奏效，则在 .bashrc 中添加如下设置。

```
TERM=xterm-256color
```

不过在 .bashrc 中修改 $TERM 绝不是什么好主意。读者可以自行研究擅自修改 $TERM 会有什么后果。

7.2.2 状态栏

状态栏是屏幕底部用于显示信息的一个区域。通过下列简单的设置，可以使状态栏更加符合用户要求。

```
" 总显示状态栏（默认情况下，有时会隐藏）
set laststatus=2
```

```
" 在状态栏中显示最后执行的命令
set showcmd
```

如果读者想深度定制状态栏，则可以使用插件。这里介绍两款插件（Powerline 和 Airline），其中 Powerline 是强大的 "全家桶"，而 Airline 则更为轻量级。

1. Powerline

Powerline 为 Vim 提供了增强版的状态栏，而且还有其他功能，比如扩展 Shell 命令提示符或 Tmux 状态栏。此插件的 GitHub 仓库为 `powerline/powerline`，在 Vim 中安装成功之后，Vim 的状态栏如图 7.3 所示。

图 7.3

可以看到，Powerline 提供的状态栏中包含了大量的信息，包括当前模式、Git 分支、当前文件状态、文件类型、编码，以及光标所在的位置。这个状态栏是可定制的，需要显示多少信息可由读者自行决定。

不过，这个插件的安装有些麻烦，因为它不仅仅是一个 Vim 插件。首先，需要通过 pip 安装 Python 包 `powerline-status`。

```
$ python3 -m pip install powerline-status
```

如果系统中没有安装 pip，请参见本章开头介绍的安装方法。

然后，还需要确保 `$HOME/.local/bin` 目录在系统 PATH 路径列表中，即在 `.bashrc` 中添加以下代码。

```
PATH=$HOME/.local/bin:$PATH
```

最后，将 `laststatus` 设置为 2（确保状态栏不会隐藏），并在 `~/.vimrc` 中加载 Powerline。

```
" 总显示状态栏（默认情况下，有时会隐藏）
set laststatus=2

" 加载 Powerline
python3 from powerline.vim import setup as powerline_setup
python3 powerline_setup()
python3 del powerline_setup
```

重载 Vim 配置文件（:w | source $MYVIMRC），就可以看到屏幕底部的状态栏了，如图 7.4 所示。

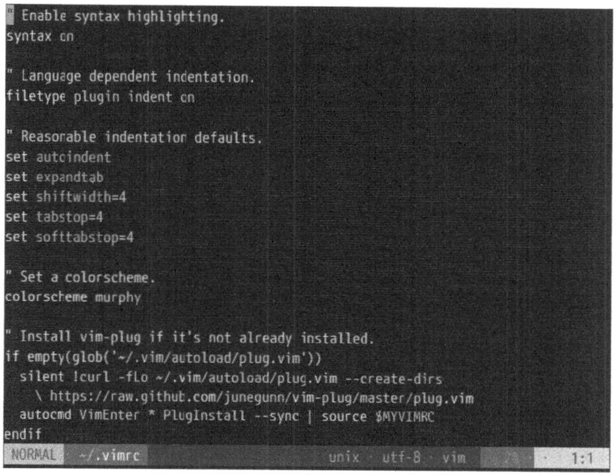

图 7.4

2．Airline

如果读者不需要过多的功能，也不希望 Python 程序一直在后台运行，那么 Airline 是更好的选择。

Airline 提供了一个同样漂亮，并且信息足够丰富的状态栏，如图 7.5 所示。

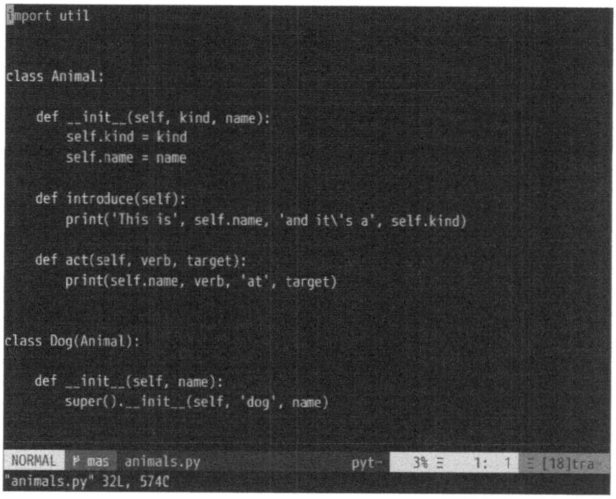

图 7.5

Airline 的 GitHub 仓库为 `vim-airline/vim-airline`，它不需要任何依赖项。

 可以使用 `vim-plug` 安装 Airline，安装方法为在 `.vimrc` 中添加代码 `Plug 'vim-airline/vim-airline'`，然后运行 `:w | source $MYVIMRC | PlugInstall` 命令。

7.2.3　gVim 相关的配置

gVim 是一个独立的应用程序，相比于开箱即用的标准版 Vim，gVim 提供了更多的可配置选项。事实上，除 `.vimrc` 之外，gVim 还有一个专用的配置文件 `.gVimrc`。

配置 gVim 图形用户界面的主要选项是 `guioptions`。这个选项是一个字符串，通过多个字母可分别表示不同的设置，包括如下几个选项。

- `a` 和 `P` 表示将可视模式下的文本选择自动复制（yank）到系统剪贴板中（参见第 2 章中关于 `*` 和 `+` 寄存器的介绍）。
- `c` 表示使用控制台对话框，而不是弹出窗口。
- `e` 表示用图形用户界面组件来显示制表符。
- `m` 表示显示一个菜单栏。
- `T` 表示包含一个工具栏。
- `r`、`l`、`b` 分别表示右侧（`r`）、左侧（`l`）和底部（`b`）滚动条总是显示。

如果读者希望显示一个菜单栏和一个工具栏，并且总是显示底部的滚动条，则可以在 `.vimrc` 中添加如下代码。

```
" GUI 设置，显示菜单栏和工具栏，总显示底部滚动条
set guioptions=mTb
```

设置生效之后，界面如图 7.6 所示（这里是 Windows 系统中的 gVim）。

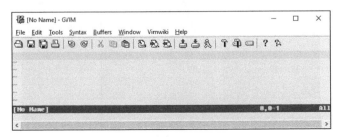

图 7.6

关于 gVim 相关设置的更多信息，请参考帮助文档：`help gui`。

7.3　配置文件的同步

正常情况下，我们不会在十年后使用同一台计算机，每个人也有可能同时使用多台计算机。因此，有必要在多个环境之间同步 Vim 的配置文件。

一般而言，文件的同步方式有很多，人们通常会将文件存储在一个 Git 仓库中［这些配置文件常常称为**点文件**（dotfiles），这是因为 Linux 系统中的配置文件常常是主目录下以句点开头的隐藏文件］，并在主目录中用符号链接文件指向点文件目录中的相应文件。读者只需要正常地执行 Git 操作（如 commit/push/pull），就可以使不同机器上的配置文件保持同步。

比如，下面是一种常用的修改配置文件的流程（Linux 和 macOS 系统中的点文件存储在 `$HOME/.dotfiles` 中，Windows 系统中则存储在 `%USERPROFILE%\_dotfiles` 中）。

```
$ cd ~/.dotfiles
$ git pull --rebase
# 执行修改操作，比如编辑.vimrc
$ git commit -am "某个重要更新"
$ git push
```

 .dotfiles 是一个 Git 仓库，Git 初学者请参见第 5 章。

比如，`~/dotfiles` 中有一个配置文件的仓库，其中包含 `.vimrc` 文件和 `.gVimrc` 文件，还有一个 `.vim` 目录。然后，读者可以手动创建符号链接，命令为 `ln -s ~/dotfiles/.vimrc .vimrc`。也可以用如下 Python 脚本实现。

```python
import os

dotfiles_dir = os.path.join(os.environ['HOME'], 'dotfiles')
for filename in os.listdir(dotfiles_dir):
    os.symlink(
        os.path.join(dotfiles_dir, filename),
        os.path.join(os.environ['HOME'], filename))
```

同步的方案有很多种，读者可以自由发挥，也可以参考以下思路。

- 用上述 Python 脚本实现跨平台的同步（如 .vim 目录变成 Windows 系统中的 vimfiles）。

- 使用 cron 来周期性地同步 Git 仓库。

- 使用其他某种文件同步方案（优点是近乎实时地同步，但是不能像 Git 一样每次提交时都有描述性消息）。

7.4　健康的 Vim 定制习惯

使用 Vim 的时间越长，就会发现配置文件的改动也越来越频繁。以至于 .vimrc 文件最后变成了也许用不到的别名、函数和插件，用户再也无法思考真正的需求。

因此，定期查看 .vimrc，并清理掉多余的函数、插件以及快捷键绑定是一件有必要的事。如果不清楚一个配置项的目的，最好将它删除。

同时，本书建议读者使用内置的 :help 命令查看曾经设置过的选项和安装过的插件，也许会有意外收获。

7.4.1　优化工作流程

每个人的工作流程都是独一无二的，没有两个人能同时走出一条完全相同的 Vim 轨迹。可以想办法填补读者的 Vim 使用风格的缺陷，并改善自己使用 Vim 的工作方式。

读者有没有发现自己频繁重复使用同一个命令？定制一个快捷键是不是更好呢？

比如，读者经常使用 CtrlP 插件（用于浏览文件树和缓冲区列表），那么可以使用如下快捷键绑定。

```
nnoremap <leader>p :CtrlP <cr>
nnoremap <leader>t :CtrlPTag <cr>
```

再比如，读者经常对光标处的单词使用 Ack 命令（由 ack-vim 插件提供），那么可以在 .vimrc 中加入如下设置。

```
nnoremap <leader>a :Ack! <c-r><c-w><cr>
```

其中，<c-r>和<c-w>将光标处的单词插入命令行中，这个功能可以和 :grep 结合起来。

```
nnoremap <leader>g :grep <c-r><c-w> */**<cr>
```

有些读者经常将分号当成引号（进入命令行模式时），那么只需要重新映射一下快捷键就可以解决这个问题。

```
nnoremap ; :
vnoremap ; :
```

总之，只要是重复执行的命令和操作，都可以通过定制一个快捷键来提高效率。

7.4.2 整理 `.vimrc`

如果经常使用和定制 Vim，则 `.vimrc` 文件会很快变得庞大，这时令 `.vimrc` 更易于浏览就显得非常有必要。建议读者经常整理 `.vimrc`。

注释是必要的，不然会忘记当初修改的原因。这和写代码是完全一样的，注释可消除日后不得不重新学习的烦恼。

比如，下面的配置文件中每一个配置项前面都有一个注释。

```
" 在状态栏中显示最后执行的命令
set showcmd

" 高亮显示光标所在的行
set cursorline

" 显示尺度信息 (在右下部位显示行、列和百分位)
set ruler

" 当终端足够宽时，显示行号
if &co > 80
  set number
endif

" 单词的软换行
set linebreak

" 较长的文本行的漂亮显示
set display+=lastline

" 总是显示状态栏
set laststatus=2
```

有些读者习惯将注释和配置项写在同一行，比如下面的配置示例。

```
set showcmd              " 在状态栏中显示最后执行的命令

set cursorline           " 高亮显示光标所在的行

set ruler                " 显示尺度信息（在右下部位显示行、列和百分位）

if &co > 80              " 当终端足够宽时，显示行号
  set number
endif

set linebreak            " 单词的软换行

set display+=lastline    " 较长的文本行的漂亮显示

set laststatus=2         " 总是显示状态栏
```

为每个插件写一个简短的注释是极其有用的，因为当不再需要某些插件时，修改也会非常容易。

```
Plug 'EinfachToll/DidYouMean'            " 文件名建议
Plug 'Lokaltog/vim-easymotion'           " 优化移动命令
Plug 'NLKNguyen/papercolor-theme'        " 配色
Plug 'ajh17/Spacegray.vim'               " 配色
Plug 'altercation/vim-colors-solarized'  " 配色
Plug 'christoomey/vim-tmux-navigator'    " 优化 tmux 整合
Plug 'ervandew/supertab'                 " 更强大的 Tab
Plug 'junegunn/goyo.vim'                 " 集中编辑
Plug 'kien/ctrlp.vim'                    " 基于模糊搜索的 Ctrl+p
Plug 'mileszs/ack.vim'                   " ack 整合
Plug 'scrooloose/nerdtree'               " 更美观的 Netrw 输出
Plug 'squarefrog/tomorrow-night.vim'     " 配色
Plug 'tomtom/tcomment_vim'               " 注释助手
Plug 'tpope/vim-abolish'                 " 方便处理单词大小写等情况
Plug 'tpope/vim-repeat'                  " 任意重复
Plug 'tpope/vim-surround'                " 在命令行中快速移动
Plug 'tpope/vim-unimpaired'              " 快捷键的配对使用
Plug 'tpope/vim-vinegar'                 " 用-打开 Netrw
Plug 'vim-scripts/Gundo'                 " 可视化撤销树
Plug 'vim-scripts/vimwiki'               " 个人维基百科
```

使配置文件方便浏览的方式有很多。一种推荐的方式是使用基于标记的折叠。比如，读者可以将配置文件分为 4 类：外观、编辑、移动和搜索，然后用手动折叠记号{{{1来标记折叠。

读者还可以使用一些 ASCII 艺术形式，比如用箭头（=>）和横线（---）使每个章节仿佛拥有一个大标题。

```
...

" => 编辑 ------------------------------------------------------- {{{1
syntax on

...

" => 外观 ------------------------------------------------------- {{{1

set background=light
colorscheme PaperColor

...
```

通过这种方式，可以更方便地浏览 .vimrc。如果想预览 .vimrc，只需要用 zM 关闭所有折叠，如图 7.7 所示。

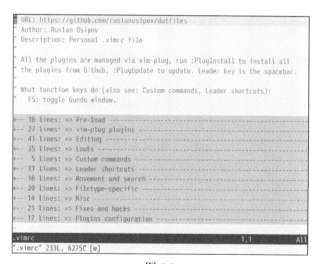

图 7.7

7.5　小结

本章主要介绍了如何定制 Vim 用户界面，以及一些个性化设置。

　　首先是 Vim 的配色，包括如何配置，如何搜索配色资源，以及如何浏览多个配色。

　　然后是 Vim 的状态栏的配置，本章介绍了一个重量级的插件 Powerline 和一个轻量级的插件 Airline。

　　随后，本章介绍了针对 gVim 的图形用户界面的设置，包括如何定制 gVim 的外观。

　　最后，本章向 Vim 读者介绍了如何定制个性化的风格和工作流程。工作流程定制的推荐方式是设置键盘和快捷键的绑定。随着 .vimrc 代码行越来越庞大，本章也介绍了整理、注释，以及快速浏览它的方法。

　　第 8 章将介绍 Vimscript，这是 Vim 自带的用途广泛的脚本语言。

第 8 章
卓尔不凡的 Vimscript

本章将开始介绍 Vimscript，这是 Vim 内置的一种强大的脚本语言。本章会力求详细，但由于篇幅所限，部分内容可能点到即止。希望本章内容能够使读者对 Vimscript 产生兴趣，并进一步深入到 Vim 的研究中。本章主要介绍以下几方面的内容。

- Vimscript 基本语法，涵盖从变量声明到 Lambda 表达式的方方面面。

- Vimscript 编程风格指南，以及 Vimscript 开发中的注意事项。

- 编写入门级的样例插件，从第一行代码到完整插件编写的流程。

8.1 技术要求

本章提供了学习 Vimscript 的大量示例，所有示例都可以在本书配套资源中找到。

在阅读本章的过程中，读者可以重新编写这些脚本，也可以直接下载配套资源。

8.2 为什么要用 Vimscript

实际上，读者在编写 .vimrc 文件时就已经接触到了 Vimscript。也许读者还没有意识到，Vimscript 是一门没有使用范围限制的编程语言。虽然之前我们只是使用 Vimscript 设置变量或执行比较操作，但是它的作用远不限于此。

通过学习 Vimscript，读者不仅可以更好地理解 Vim 配置文件，还可以通过编写函数和插件来解决在编辑过程中遇到的文本编辑问题。无疑，用好 Vimscript 能够大大提高工作效率。

8.3　如何执行 Vimscript

Vimscript 其实就是 Vim 脚本文件，脚本由一条一条命令构成，每条命令都在命令行模式下运行。因此，读者总是可以在命令行模式（用:进入此模式）下逐一执行脚本中的每条命令，或者用:source 命令执行整个脚本文件。习惯上，Vim 脚本都采用后缀名.vim。

从本节开始，读者会逐渐在实验中创建一些*.vim 文件。这些文件的运行方法如下所示。

`:source <filename>`

其简化版为:so %。这里的:so 是:source 的缩写，而%表示当前打开的文件。

比如，图 8.1 所示为示例文件 variables.vim，其中有一些关于 Vim 变量的试验代码，可以用:so %执行这个文件。

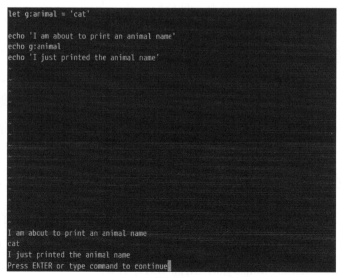

图 8.1

除运行整个文件，读者也可以在命令模式下执行单条命令。若要打印变量 g:animal

的值，则可以运行:echo g:animal 命令，其结果 cat 会显示在状态栏中，如图 8.2所示。

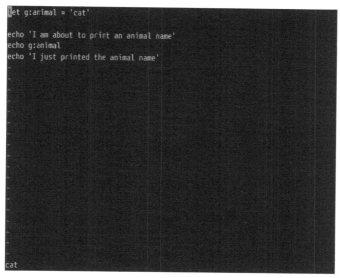

图 8.2

一般情况下，较长的脚本用:so %来运行，调试的时候则通过命令行模式（:）执行单条命令。

此外，如果在命令行模式下输入命令时涉及一个函数或一个控制流（如 if、while或 for），则读者会停留在命令行模式中，直到函数或控制流输入完成为止，如图 8.3所示。

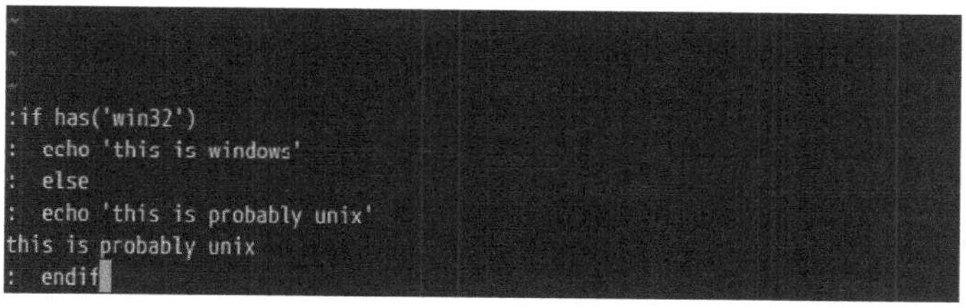

```
:if has('win32')
:  echo 'this is windows'
:  else
:  echo 'this is probably unix'
this is probably unix
:  endif
```

图 8.3

在图 8.3 中我们可以看到，并不需要在每行都输入冒号。此外，按 Enter 键后，每一行都会被执行（比如，这里的 this is probably unix 被打印出来了）。

8.4 语法

本节将快速地梳理 Vimscript 的语法。

 本节内容需要读者至少了解一种编程语言，特别是理解条件和循环表达式的具体含义。否则，读者可能要找其他更详细的教程了。关于 Vimscript 的知识足够独立编写一本书。

8.4.1 设置变量

到目前为止，读者应该稍微了解了一些 Vimscript 的基本语法。比如，使用 set 关键字为 Vim 内部选项赋值。

```
set background=dark
```

而对于非内部变量的赋值，使用的是 let 关键字。

```
let animal_name = 'Miss Cattington'
```

Vimscript 中并没有专门的布尔类型，1 为真，0 为假。

```
let is_cat = 1
```

既然谈到了变量的赋值，就不得不介绍一下作用域。Vim 中变量和函数的作用域是通过前缀实现的。比如下列代码。

```
let g:animal_name = 'Miss Cattington'
let w:is_cat = 1
```

每一个作用域字母都有唯一的含义，下面是比较常用的几种。

- g 为全局作用域（若未指定作用域，则默认为全局作用域）。
- v 为 Vim 所定义的全局作用域。
- l 为局部作用域（在函数内部，若未指定作用域，则默认为这个作用域）。
- b 表示当前缓冲区。
- w 表示当前窗口。
- t 表示当前标签页。

- s 表示使用 :source'd 执行的 Vim 脚本文件中的局部文件作用域。

- a 表示函数的参数。

在前面的示例中，g:animal_name 是一个全局变量（因此也可以写成 let animal_name='Miss Cattington'，不过指定明确的作用域是一个好习惯），而 w:is_cat 是一个窗口作用域的变量。

读者应该还记得，寄存器设置同样使用了 let。比如，在寄存器 a 中保存 cats are weird，可以执行下列代码。

```
let @a = 'cats are weird'
```

Vim 选项（使用 set 修改的那些变量）的另一种访问方式为在变量前面加上 &，比如下列代码。

```
let &ignorecase = 0
```

整数变量之间可以进行常用的加减乘除运算（+、-、*、/）。字符串拼接使用点运算符 .，比如下列用法。

```
let g:cat_statement = g:animal_name . ' is a cat'
```

如果在一个单引号定义的字符串内部使用单引号，则输入两次单引号即可（''）。

另外，与很多其他语言相同，单引号中为字符串，而双引号中可以有非字面量字符。使人困惑的是，注释也是从双引号开始的。考虑到这个原因，Vimscript 中的某些命令后面不能有注释。

8.4.2　打印输出

读者可以用 echo 将变量内容（或任意操作的结果）输出到状态栏中，比如下面的示例。

```
echo g:animal_name
```

关于 echo 需要注意的是，它的输出并没有被记录到任何地方，一旦输出结果被覆盖，就没有办法再查看以前的输出。

为了解决这个问题，可以使用 :echomsg 来替代 :echo，其缩写为 :echom。

```
echom g:animal_name . ' is an animal'
echom 'here is an another message'
```

echom 的输出被保存到了当前会话的消息日志中，执行:messages 命令即可查看。如图 8.4 所示，每个输出都被显示出来了。

图 8.4

事实上，很多操作都通过 echom 来记录消息。比如，用于写文件的:w 命令就是如此，如图 8.5 所示。

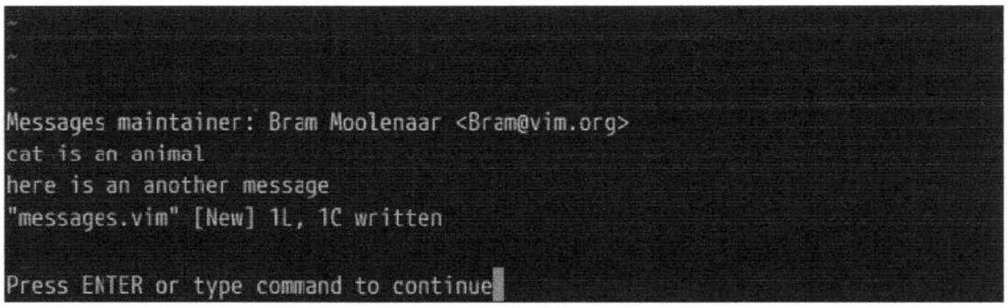

图 8.5

消息是调试的强大工具，它能告诉用户脚本的错误信息。关于消息的更多介绍请参考:help message-history。

8.4.3　条件表达式

条件表达式指使用 if 关键字的表达式，比如下列代码。

```
if g:animal_kind == 'cat'
  echo g:animal_name . ' is a cat'
elseif g:animal_kind == 'dog'
  echo g:animal_name . ' is a dog'
else
  echo g:animal_name . ' is something else'
endif
```

还有一种称为三元运算符的条件表达式，比如下面的示例。

```
echo g:animal_name . (g:is_cat ? ' in' is a cat' : ' in ' is something else' )
```

Vim 支持其他语言中所有常用的逻辑运算符，包括下列几种。

● 与&&

● 或||

● 非!

比如，下面的代码中用到了两种逻辑运算符。

```
if !(g:is_cat || g:is_dog)
  echo g:animal_name . ' is something else'
endif
```

上面的例子中，只有 g:is_cat 和 g:is_dog 都为假时，才会打印 g:animal_name . ' is something else'.

因此，上述代码又可以用&&改写为下列形式。

```
if !g:is_cat && !g:is_dog
  echo g:animal_name . ' is something else'
endif
```

因为文本编辑本质上是字符串操作，所以 Vim 还提供了其他一些文本比较运算符。

● ==比较两个字符串，是否忽略大小写取决于用户设置（后面会介绍）。

● ==?比较两个字符串，忽略大小写。

● ==#比较两个字符串，考虑大小写。

● =~表示使左操作数与右操作数匹配（=~?和=~#分别对应于忽略大小写和考虑大小写）。

● !~与=~相反（=~#和!~#分别对应于忽略大小写和考虑大小写）。

==、=~以及!~对于是否忽略大小写的默认行为取决于 ignorecase 的设置。下面是一些示例。

```
'cat' ==? 'CAT'                " 真
'cat' ==# 'CAT'                " 假
set ignorecase | 'cat' == 'CAT' " 真
'cat' =~ 'c.\+'               " 真
'cat' =~# 'C.\+'              " 假
'cat' !~ '.at'                " 假
'cat' !~? 'C.\+'             " 假
```

8.4.4 列表

Vim 支持更复杂的数据结构，比如列表和字典。下面是列表的一个示例。

```
let animals = ['cat', 'dog', 'parrot']
```

修改列表的操作与 Python 类似。下面介绍几个常用操作。

列表中的元素可以用索引来获取，语法是[n]，示例如下。

```
let cat = animals[0]      " 获得第一个元素
let dog = animals[1]      " 获得第二个元素
let parrot = animals[-1]  " 获得最后一个元素
```

用切片获得列表子列的方式与 Python 类似，代码如下。

```
let slice = animals[1:]
```

这个切片的结果为['dog, 'parrot']。与 Python 的主要差别在于 Vim 的索引区间包含结尾索引。

```
let slice = animals[0:1]
```

slice 的值为['cat', 'dog']。

使用 add 方法在列表末尾添加元素。

```
call add(animals, 'octopus')
```

 Vimscript 中需要注意的一点是，除非函数是表达式的一部分，否则单独调用时都需要使用关键字 call，后面会详细介绍。

上面的操作把列表修改成了['cat', 'dog', 'parrot', 'octopus']。虽然这是一个修改操作，但它还是会将修改后的列表返回，因此下面的赋值语句也是合法的。

```
let animals = add(animals, 'octopus')
```

还可以用 insert 方法在列表前面插入元素。

```
call insert(animals, 'bobcat')
```

然后，列表的值会变成['bobcat', 'cat', 'dog', 'parrot', 'octopus']。

insert 函数还支持一个可选的索引参数。比如，将'raven'添加到 animals 列表的索引为 2 的位置（'dog'所在的位置），可以执行如下代码。

```
call insert(animals, 'raven', 2)
```

列表的值将变成['bobcat', 'cat', 'raven', 'dog', 'parrot', 'octopus']。

删除列表元素的方法也有很多种。比如，可以用 unlet 将索引为 2 的元素（'raven'）删除。

```
unlet animals[2]
```

现在，列表值变成了['bobcat', 'cat', 'dog', 'parrot', 'octopus']。

还可以采用 remove 方法，示例如下。

```
call remove(animals, -1)
```

这里的-1 表示最后一个元素，因此列表值变成['bobcat', 'cat', 'dog', 'parrot']。

类似地，remove 也返回被修改的列表自身，如下所示。

```
let bobcat = remove(animals, 0)
```

unlet 和 remove 也支持索引区间。下面的例子将列表中从开头到第二个元素（包括第二个）全部删除。

```
unlet animals[:1]
```

如果用 remove 实现同样的功能，则需要指定区间的起止索引，如下所示。

```
call remove(animals, 0, 1)
```

列表的拼接可以用+运算符或 extend 方法。比如，给定 mammals 和 birds 两个列表，如下所示。

```
let mammals = ['dog', 'cat']
let birds = ['raven', 'parrot']
```

读者可以用如下代码创建一个新列表。

```
let animals = mammals + birds
```

animals 变成['dog', 'cat', 'raven', 'parrot']。extend 函数会修改已有列表，其用法如下所示。

```
call extend(mammals, birds)
```

mammals 将变成['dog', 'cat', 'raven', 'parrot']。

列表可以用 sort 函数排序，该函数会修改列表。比如，我们可以对上面新生成的列表 animals 进行排序，方法如下。

```
call sort(animals)
```

其结果为['cat', 'dog', 'parrot', 'raven']（按字母排序）。

index 函数可以找出列表中某个元素的索引。比如，要从 animals 列表中找到 parrot，可以执行下列代码。

```
let i = index(animals, 'parrot')
```

搜索结果为 2。

empty 函数用于检查一个列表是否为空，代码如下。

```
if empty(animals)
  echo 'There aren''t any animals!'
endif
```

len 函数用于获得列表的长度，代码如下。

```
echo 'There are ' . len(animals) . ' animals.'
```

count 方法可以统计出列表中某个元素的个数。

```
echo 'There are ' . count(animals, 'cat') . ' cats here.'
```

 若希望了解所有的列表操作，请参考帮助文档:help list。

8.4.5 字典

Vim 支持如下字典类型。

```
let animal_names = {
  \ 'cat': 'Miss Cattington',
  \ 'dog': 'Mr Dogson',
  \ 'parrot': 'Polly'
  \ }
```

读者应该注意到了，定义字典时，如果代码跨多行，则需要用反斜划线\表示换行。

字典的修改操作与 Python 类似。以下两种方式可以用于访问字典中的元素。

```
let cat_name = animal_names['cat']  " get an element
let cat_name = animal_names.cat     " another way to access an element
```

通过句点 . 访问字典元素只适用于键仅包含数字、字母和下划线的情况。

设置或覆盖字典项的值可使用如下方式。

```
let animal_names['raven'] = 'Raven R. Raventon'
```

删除字典项可使用 unlet 或 remove，代码如下。

```
unlet animal_names['raven']
let raven = remove(animal_names, 'raven')
```

两个字典可以用 extend 合并，并且修改的是第一个字典。

```
call extend(animal_names, {'bobcat': 'Sir Meowtington'})
```

animal_names 会被修改成如下的值。

```
let animal_names = {
  \ 'cat': 'Miss Cattington',
  \ 'dog': 'Mr Dogson',
  \ 'parrot': 'Polly',
  \ 'bobcat': 'Sir Meowtington'
  \ }
```

如果 extend 的第二个参数中包含了重复的键，则原来的字典项会被覆盖掉。和列表类似，字典也有长度，也可以检查是否为空。

```
if !empty(animal_names)
  echo 'We have names for ' . len(animal_names) . ' animals'
endif
```

has_key 函数用于检查字典中是否包含某个键。

```
if has_key(animal_names, 'cat')
  echo 'Cat''s name is ' . animal_names['cat']
endif
```

 关于字典操作的完整列表请参考帮助文档：help dict。

8.4.6　循环

列表和字典可以用 for 语句来遍历访问。比如，可以用如下方式遍历一个列表。

```
for animal in animals
  echo animal
endfor
```

遍历字典的方式如下所示。

```
for animal in keys(animal_names)
  echo 'This ' . animal . '''s name is ' . animal_names[animal]
endfor
```

遍历字典时，使用 items 函数即可同时访问到键和值。

```
for [animal, name] in items(animal_names)
  echo 'This ' . animal . '''s name is ' . name
endfor
```

循环控制流可以用 continue 和 break 来控制，比如下面的代码中用到了 break。

```
let animals = ['dog', 'cat', 'parrot']
for animal in animals
  if animal == 'cat'
    echo 'It''s a cat! Breaking!'
    break
  endif
  echo 'Looking at a ' . animal . ', it''s not a cat yet...'
endfor
```

上述代码的输出结果如图 8.6 所示。

图 8.6

continue 的示例代码如下。

```
let animals = ['dog', 'cat', 'parrot']
for animal in animals
  if animal == 'cat'
```

```
    echo 'Ignoring the cat...'
    continue
  endif
  echo 'Looking at a ' . animal
endfor
```

其输出结果如图 8.7 所示。

图 8.7

Vim 还支持 while 循环，代码如下。

```
let animals = ['dog', 'cat', 'parrot']
while !empty(animals)
  echo remove(animals, 0)
endwhile
```

上述代码会输出图 8.8 所示的结果。

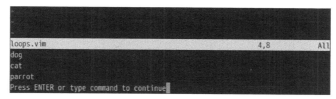

图 8.8

在 while 循环中同样可以使用 break 和 continue，代码如下。

```
let animals = ['cat', 'dog', 'parrot']
while len(animals) > 0
  let animal = remove(animals, 0)
  if animal == 'dog'
    echo 'Encountered a dog, breaking!'
    break
  endif
  echo 'Looking at a ' . animal
endwhile
```

其输出结果如图 8.9 所示。

图 8.9

8.4.7　函数

和其他大部分编程语言一样，Vim 也支持函数。

```
function AnimalGreeting(animal)
  echo a:animal . ' says hello!'
endfunction
```

 在 Vim 中，读者定义的函数必须以大写字母开头（除非函数在脚本作用域或命名空间中），否则会报错。

调用 AnimalGreeting 函数，可得到如下输出。

:call AnimalGreeting('cat')
cat says hello!

从上述示例中可以看到，在函数内访问参数时需要使用 a: 作用域。

函数也可以有返回值，代码如下。

```
function! AnimalGreeting(animal)
  return a:animal . ' says hello!'
endfunction
```

 需要注意的是，Vim 中的脚本可能会被加载多次（比如，读者对某个文件运行 :source 命令）。但重定义一个函数会报错，解决方案是使用 function! 来定义函数，见上面的代码。

函数的返回值可以用 echo 输出。

:echo AnimalGreeting('dog')
dog says hello!

Vim 还支持用…表示可变数目的多个参数，等价于 Python 中的 *args。

```
function! AnimalGreeting(...)
  echo a:1 . ' says hi to ' . a:2
endfunction
```

用 'cat' 和 'dog' 这两个参数调用此函数，可得到如下结果。

:call AnimalGreeting('cat', 'dog')
cat says hi to dog

获得所有参数列表的方式是 a:000，代码如下。

```
function ListArgs(...)
  echo a:000
endfunction
```

用不同数目的参数来调用这个函数，代码如下。

:call ListArgs('cat', 'dog', 'parrot')
['cat', 'dog', 'parrot']

和 Python 一样，固定参数和可变数目参数可以结合起来，代码如下。

```
function! AnimalGreeting(animal, ...)
  echo a:animal . ' says hi to ' . a:1
endfunction
```

下面是调用结果。

:call AnimalGreeting('cat', 'dog')
cat says hi to dog

读者可以（也应该）在函数中只使用局部作用域，并让函数内部定义的变量在函数外不能访问。

```
function! s:AnimalGreeting(animal)
  echo a:animal . 'says hi!'
endfunction
function! s:AnimalGreeting(animal)
  return a:animal . ' says hello!'
endfunction
```

上述代码重新定义了 s:AnimalGreeting 函数，但需要注意的是，不能把别人的函数覆盖掉。

8.4.8 类

虽然 Vim 本身没有类，但是它支持在字典上定义方法，因此可以实现面向对象编程范式，有两种方式可以在字典上定义方法。

以下为字典 animal_names。

```
let animal_names = {
  \ 'cat': 'Miss Cattington',
  \ 'dog': 'Mr Dogson',
  \ 'parrot': 'Polly'
  \ }
```

可以为其添加下列方法。

```
function animal_names.GetGreeting(animal)
  return self[a:animal] . ' says hello'
endfunction
```

然后通过如下方式执行此函数。

```
:echo animal_names.GetGreeting('cat')
Miss Cattington says hello
```

这里和 Python 一样，使用 self 来指向字典自身。因此，GetGreeting 成了一个可调用的字典键。

实际上，animal_names 更新如下。

```
{
  \ 'cat': 'Miss Cattington',
  \ 'dog': 'Mr Dogson',
  \ 'parrot': 'Polly',
  \ 'GetGreeting': function <...>
  \ }
```

在以下示例中，animal_names 会被封装到一个字典中，并且与其他语言中的类更相似（且有助于避免名称冲突）。

```
let animals = {
  \ 'animal_names' : {
    \ 'cat': 'Miss Cattington',
    \ 'dog': 'Mr Dogson',
    \ 'parrot': 'Polly'
    \ }
  \ }
```

封装之后需要定义类的方法，因此要在函数名后面添加 dict 关键字。

```
function GetGreeting(animal) dict
  return self.animal_names[a:animal] . ' says hello'
endfunction
```

将这个函数绑定到字典的某个键上。

```
let animals['GetGreeting'] = function('GetGreeting')
```

现在可以通过相同的方式调用方法 GetGreeting 了。

```
:echo animals.GetGreeting('dog')
 Mr Dogson says hello
```

8.4.9　Lambda 表达式

Lambda 表达式是一种匿名函数，它有助于编写逻辑清晰的代码。

以下是 AnimalGreeting 函数使用 Lambda 表达式的版本。

```
let AnimalGreeting = {animal -> animal . ' says hello'}
```

测试结果如下。

```
:echo AnimalGreeting('cat')
cat says hello
```

当读者需要编写紧凑函数时，Lambda 表达式确实更加简短而美观。

8.4.10　映射和过滤

Vimscript 支持映射（map）和过滤（filter）这两种高阶函数（所谓的函数的函数）。这两个函数的第一个参数是列表或字典，而第二个参数为函数。

比如，要找出正式的动物名称应先编写一个过滤函数。

```
function IsProperName(name)
  if a:name =~? '\(Mr\|Miss\) .\+'
    return 1
  endif
  return 0
endfunction
```

如果名称以 Mr 或 Miss 开头（这是动物的正式称呼），则 IsProperName 返回 1（为真），否则返回 0（为假）。作为输入参数的字典如下。

```
let animal_names = {
  \ 'cat': 'Miss Cattington',
  \ 'dog': 'Mr Dogson',
  \ 'parrot': 'Polly'
  \ }
```

过滤之后的结果只保留正式名称对应的键值二元组。

```
call filter(animal_names, 'IsProperName(v:val)')
```

输出结果确实剔除了不正式的名称。

:echo animal_names
{'cat': 'Miss Cattington', 'dog': 'Mr Dogson'}

不过，相对于其他编程语言，上述代码的语法显得有些奇怪。因为，过滤函数居然带有一个字符串参数，而且这个参数还需要针对字典的每对键值求值，v:val 会展开为字典中的值（类似地，v:key 展开为键）。

当然，filter 的第二个参数也可以是函数引用。Vim 支持用如下方式来引用一个函数。

```
let IsProperName2 = function('IsProperName')
```

然后，读者就可以像调用 IsProperName 那样调用 IsProperName2 了。

:echo IsProperName2('Mr Dogson')
1

通过这种方式，可以将函数作为参数传递给任何其他函数。

```
function FunctionCaller(func, arg)
  return a:func(a:arg)
endfunction
```

函数的用法如下所示。

:echo FunctionCaller(IsProperName2, 'Miss Catington')
1

filter 函数的第二个参数也可以是一个函数引用。不过，如果使用函数引用，则原来的函数定义就需要稍微修改一下。因为它的参数变成了两个，即字典的键和值。

```
function IsProperNameKeyValue(key, value)
  if a:value =~? '\(Mr\|Miss\) .\+'
    return 1
  endif
```

```
    return 0
endfunction
```

然后，可以用如下方式调用 filter 函数。

```
call filter(animal_names, function('IsProperNameKeyValue'))
```

检查代码运行是否成功，用 echo 将 animal_names 输出。

```
:echo animal_names
{'cat': 'Miss Cattington', 'dog': 'Mr Dogson'}
```

filter 作用于列表时，v:key 表示索引，而 v:val 表示元素的值。

map 函数也是类似的，它可以用于修改列表或字典中的值。

比如，可以将下列列表中的每个名字修改为正式名称。

```
let animal_names = ['Miss Cattington', 'Mr Dogson', 'Polly', 'Meowtington']
```

这里沿用之前定义的 IsProperName 函数。Lambda 表达式在本例这种类型的函数中尤其有用。下面的代码在非正式的名称前加上'Miss '。

```
call map(animal_names,
\ {key, val -> IsProperName(val) ? val : 'Miss ' . val})
```

检查运行结果，所有名称都已经正式化了。

```
:echo animal_names
['Miss Cattington', 'Mr Dogson', 'Miss Polly', 'Miss Meowtington']
```

此 Lambda 表达式等价于如下函数定义。

```
function MakeProperName(name)
  if IsProperName(a:name)
    return a:name
  endif
  return 'Miss ' . a:name
endfunction
call map(animal_names, 'MakeProperName(v:val)')
```

与 filter 函数相同，map 函数也接受函数引用作为参数。这个函数有两个参数（字典的键和值、列表的索引和值）。

8.4.11 与 Vim 交互

execute 命令会将它的参数解析为一条 Vim 命令并执行。比如，下面的两条语句是等价的。

```
echo animal . ' says hello'
execute 'echo ' . animal . ' says hello'
```

normal 命令用于执行按键序列，与正常模式下的操作相似。如果要查找单词 cat 并将其删除，可以执行下列命令。

```
normal /cat<cr>dw
```

> 这里的<cr>需要用 Ctrl + v + Enter 组合键输入。需要注意的是，execute "normal /cat<cr>dw"中使用字符串<cr>表示 Enter 键。

用这种方式运行 normal 仍然会遵守用户按键映射，因此，如果要忽略定制的键盘映射，需要使用 normal!。

```
normal! /cat<cr>dw
```

silent 命令可以隐藏其他命令（如 execute）的输出。下面的两个命令都不会有任何输出。

```
silent echo animal . ' says hello'
silent execute 'echo ' . animal . ' says hello'
```

此外，silent 还可以隐藏外部命令的输出，并禁止弹出对话框。

```
silent !echo 'this is running in a shell'
```

读者还可以检查当前正在运行的 Vim 是否支持某个功能。

```
if has('python3')
  echom '你的 Vim 编译时启用了对 Python 3 的支持!'
endif
```

完整的功能列表可以通过:help feature-list 命令获得，其中值得一提的是几个操作系统标示符，即 win32/win64、darwin 或 unix，它们对于编写跨平台的脚本非常有用。

8.4.12　文件相关的命令

Vim 是一个文本编辑器，它的大部分操作是针对文件的。Vim 提供了许多文件相关的函数。

expand 函数用于操作文件路径信息。

```
echom '当前文件扩展为' . expand('%:e')
```

expand 的参数是一个文件名（可以用特殊符号表示，比如 % 或 #；也可以是缩写，比如 `<cfile>`），文件名还可以包含以下修饰符。

- :p 表示展开为完整路径。

- :h 表示路径头（路径最后一个分量被删除）。

- :t 表示路径尾（只保留路径最后一个分量）。

- :r 表示根路径 (删除一个文件扩展)。

- :e 表示只保留文件扩展。

更多信息请参考:help expand()。

filereadable 用于检查文件是否存在（是否可读），代码如下。

```
if filereadable(expand('%'))
  echom 'Current file (' . expand('%:t') . ') is readable!'
endif
```

将当上述代码存放于 files.vim 中，执行时会输出下列消息。

```
Current file (files.vim) is readable!
```

类似地，filewritable 用于检查文件是否有写权限。

其他一些文件操作可以用 execute 命令来执行。比如，下列命令可用来打开文件 animal.py。

```
execute 'edit animals.py'
```

8.4.13 输入提示

Vim 中有两种方式提示用户输入。第一种是用 confirm 函数显示一个多选对话框（如 yes/no/cancel 这 3 个选项），第二种是用 input 函数实现更复杂的输入。

confirm 函数用于弹出一个对话框，读者可以从中选择多个答案。比如下面的示例。

```
let answer = confirm('Is cat your favorite animal?', "&yes\n&no")
echo answer
```

执行上述脚本，可得到如图 8.10 所示的提示框。

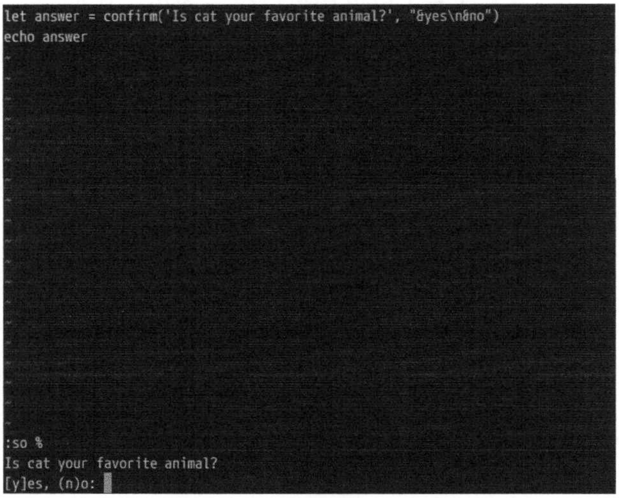

```
let answer = confirm('Is cat your favorite animal?', "&yes\n&no")
echo answer
```

```
:so %
Is cat your favorite animal?
[y]es, (n)o:
```

图 8.10

输入 y 或 n 可以选中一个选项。比如，输入 y 可得到如图 8.11 所示的结果。

```
:so %
Is cat your favorite animal?

1
Press ENTER or type command to continue
```

图 8.11

如果重新选择 no，则得到的结果如图 8.12 所示。

```
:so %
Is cat your favorite animal?

2
Press ENTER or type command to continue
```

图 8.12

可见，confirm 函数返回的是一个整数，即选中的答案的序号。

如果在一个图形用户界面版本的 Vim 中执行 confirm 函数，将得到一个弹出的对话框窗口，如图 8.13 所示。

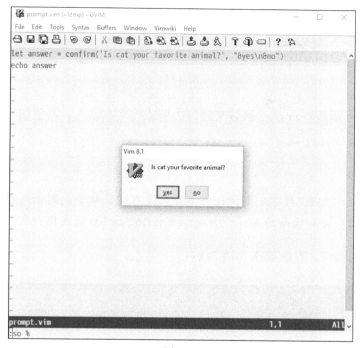

图 8.13

现在，回到最初的示例。

```
let answer = confirm('Is cat your favorite animal?', "&yes\n&no")
echo answer
```

可以看到，confirm 函数包括两个参数，第一个是提示的文字，第二个是用换行符（\n）分隔的多个选项。在上面的例子中，选项字符串并不是字面量（用的是双引号），因为需要识别换行符。

&符号用于标记每个选项的按键（前面的例子中，y 和 n 为可用的选项）。下面介绍另一个示例。

```
let answer = confirm(
  \ 'Is cat your favorite animal?', "absolutely &yes\nhell &no")
```

这个命令会打开如图 8.14 所示的对话框。

注意，y 和 n 仍然是每个选项对应的按键。

图 8.14

介绍 input 函数。input 函数支持自由形式的文本输入，其使用方式非常简单。

```
let animal = input('What is your favorite animal? ')
echo "\n"
echo 'What a coincidence! My favorite animal is a ' . animal . ' too!'
```

> echo "\n"打印一个换行符。如果没有这条命令，则输入的字符串（如 cat）将和后面的 What a coincidence!出现在同一行。

执行上述代码时，界面如图 8.15 所示。

图 8.15

输入完成后，界面如图 8.16 所示。

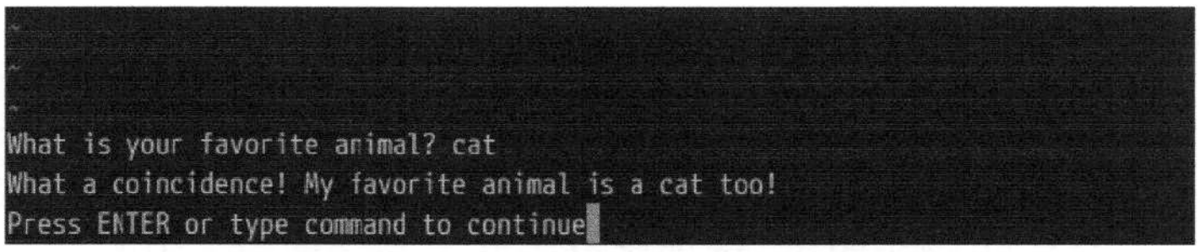

图 8.16

需要注意的是，如果读者在一个键盘映射中使用了 input 函数，则必须先调用 inputsave()，并在之后调用 inputrestore()。否则，映射中的剩余字符会被 input 函数获取。读者最好坚持使用 inputsave() 和 inputrestore()，以防编写的函数被用到键盘映射中。

下面是一个应用案例。

```
function AskAnimalName()
  call inputsave()
  let name = input('What is the animal"'s name? ')
```

```
    call inputrestore()
    return name
endfunction

nnoremap <leader>a = :let name = AskAnimalName()<cr>:echo name<cr>
```

8.4.14 使用帮助

大部分关于 Vimscript 的信息都在 Vim 的 `eval.txt` 文件中，读者可以通过 `:help eval` 命令查看相关内容并作为解决问题的参考。

8.5 关于编程风格的指南

保持编程风格的一致性非常重要，较著名的 Vim 编程风格指南来自于 Google，该指南列出了一些常用的开发实践经验，并指出了一些常见的误区。

下面是 *Google Vimscript Style Guide* 的一些摘录。

● 缩进使用两个空格。

● 不要使用制表符 Tab。

● 操作符前后要有空格。

● 限制每行宽度至多为 80。

● 待续的行的缩进为 4 个空格。

● 插件命名风格为 `plugin-names-like-this`。

● 函数命名风格为 `FunctionNamesLikeThis`。

● 命令命名风格为 `CommandNamesLikeThis`。

● 自动命令组的命名风格为 `augroup_names_like_this`。

● 变量命名风格为 `variable_names_like_this`。

● 变量总是使用作用域作为前缀。

● 不确定使用什么风格时，采用 Python 风格指南中的规则。

本书建议读者阅读 *Google Vimscript Style Guide* 并遵守其中的规则，它会帮助读者养成持之以恒的良好编程习惯。

8.6 编写一个插件

本节采用基于示例的教学方式，介绍了如何编写一个简单的插件。

编写程序时，常常需要注释一段代码。本节要编写的插件就是要完成这样的功能，该插件可简单地命名为 vim-commenter。

8.6.1 插件的文件布局

自从 Vim 8 发布以来，插件文件布局就只剩一种方式了（这是好事），而且这种方式与主流插件管理器兼容，比如 vim-plug、Vundle 或 Pathogen。

插件应该包含如下目录结构。

- autoload/目录用于保存插件延迟加载的内容（后面会有详细介绍）。
- colors/目录用于保存配色。
- compiler/目录用于保存编译器相关的功能（针对不同语言）。
- doc/为文档目录。
- ftdetect/目录用于保存（针对不同文件类型的）文件类型检测设置。
- ftplugin/目录用于保存（针对不同文件类型的）文件类型相关的代码。
- indent/目录用于保存（针对不同文件类型的）缩进相关的设置。
- plugin/目录用于保存插件的核心功能。
- syntax/目录用于保存（针对不同语言的）语言语法分组。

本节编写的这个插件使用 Vim 8 中新的插件功能，插件目录会存放在.vim/pack/plugins/start 中。因为插件被命名为 vim-commenter，所以它的最终目录为.vim/pack/plugins/start/vim-commenter。

第 3 章中介绍过，这里的 plugins/目录可以是任意名称。而 start/目录表示插件会在 Vim 启动时加载。

创建插件目录的命令如下。

```
$ mkdir -p ~/.vim/pack/plugins/start/vim-commenter
```

8.6.2 一个基本的插件

我们先来实现一个简单的功能,即添加一个按键绑定,用于在当前行行首添加 Python 风格的注释符号#。

现在开始编写文件~/.vim/pack/plugins/start/vim-commenter/plugin/commenter.vim。

```
" 注释 Python 代码的当前行
function! g:commenter#Comment()
  let l:line = getline('.')
  call setline('.', '# ' . l:line)
endfunction


nnoremap gc :call g:commenter#Comment()<cr>
```

上述代码定义了一个函数,用于在当前行(.)行首插入一个#符号,并将该函数映射到 gc。读者大概还记得, g 是一个可供用户使用的自由命名空间(参见:help g,它可能已经绑定了一些映射),而 c 表示注释(comment)。

 另一个常用的命令前缀是逗号,,因为逗号极少出现在命令中。

保存此文件,并加载(可用:source 命令或重启 Vim)。然后打开一个 Python 文件,移动光标到需要注释的行,如图 8.17 所示。

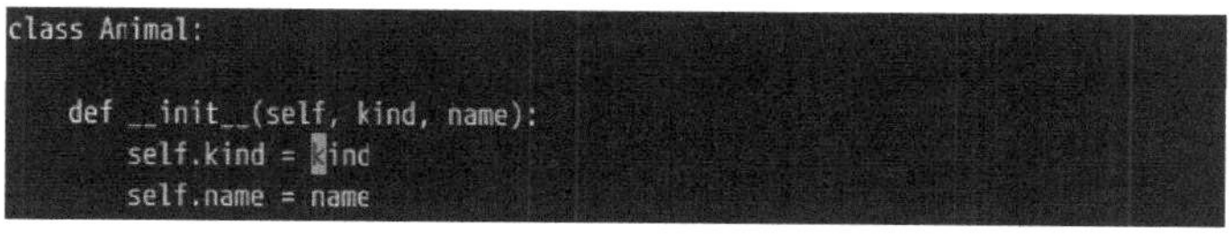

图 8.17

最后执行 gc,如图 8.18 所示。

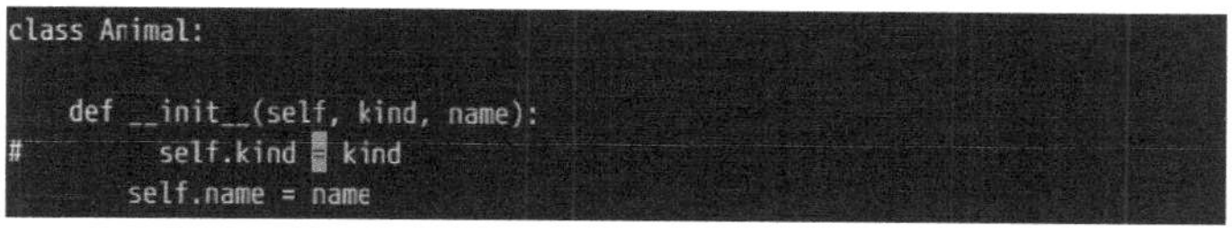

图 8.18

至此，已经完成了大部分插件的制作过程。不过，还有其他问题需要解决。首先，这里的注释是从行首开始，读者可能希望注释也产生缩进层次。其次，光标没有回到当前位置，可能会使读者觉得不方便。下面就来解决这两个问题。

通过 indent 函数可以得到一行的缩进层次（按空格数计算）。

```vim
" 注释 Python 代码的当前行
function! g:commenter#Comment()
  let l:i = indent('.') " 缩进的空格数目
  let l:line = getline('.')
  call setline('.', l:line[:l:i - 1] . '# ' . l:line[l:i:])
endfunction


nnoremap gc :call g:Comment()<cr>
let s:comment_string = '# '

" 注释 Python 代码的当前行
function! g:Comment()
  let l:i = indent('.') " 缩进的空格数目
  let l:line = getline('.')
  let l:cur_row = getcurpos()[1]
  let l:cur_col = getcurpos()[2]
  call setline('.', l:line[:l:i - 1] . s:comment_string . l:line[l:i:])
  call cursor(l:cur_row, l:cur_col + len(s:comment_string))
endfunction

nnoremap gc :call g:Comment()<cr>
```

重新回到源码文件，如图 8.19 所示。

图 8.19

再次执行 gc，如图 8.20 所示可以看到我们成功为一个缩进行添加了注释。

图 8.20

删除注释的功能也是必要的，因此函数名可以修改为 g:ToggleComment()。

```
let s:comment_string = '# '

" 注释 Python 代码的当前行
function! g:ToggleComment()
  let l:i = indent('.') " Number of spaces.
  let l:line = getline('.')
  let l:cur_row = getcurpos()[1]
  let l:cur_col = getcurpos()[2]
  if l:line[l:i:l:i + len(s:comment_string) - 1] == s:comment_string
    call setline('.', l:line[:l:i - 1] .
    \ l:line[l:i + len(s:comment_string):])
    let l:cur_offset = -len(s:comment_string)
  else
    call setline('.', l:line[:l:i - 1] . s:comment_string . l:line[l:i:])
    \ let l:cur_offset = len(s:comment_string)
  endif
  call cursor(l:cur_row, l:cur_col + l:cur_offset)
endfunction

nnoremap gc :call g:ToggleComment()<cr>
```

现在尝试重载脚本，回到源码，如图 8.21 所示。

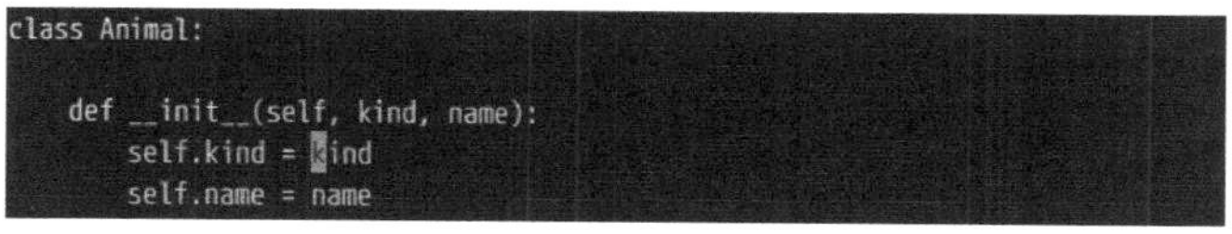

图 8.21

然后执行 gc，注释当前行，如图 8.22 所示。

图 8.22

再次执行 gc，取消注释，如图 8.23 所示。

图 8.23

接下来我们继续查看插件是否能处理极端情况，尝试注释没有缩进的行。将光标移动到没有缩进的行，如图 8.24 所示。

图 8.24

执行 gc 运行插件中的注释函数，如图 8.25 所示。

图 8.25

我们发现插件还不能处理无缩进行，可以用下面的代码修正这个问题。

```vim
let s:comment_string = '# '

" 注释 Python 代码的当前行
function! g:ToggleComment()
  let l:i = indent('.') " Number of spaces.
  let l:line = getline('.')
  let l:cur_row = getcurpos()[1]
  let l:cur_col = getcurpos()[2]
  let l:prefix = l:i > 0 ? l:line[:l:i - 1] : '' " 处理无缩进的情况
  if l:line[l:i:l:i + len(s:comment_string) - 1] == s:comment_string
    call setline('.', l:prefix . l:line[l:i + len(s:comment_string):])
    let l:cur_offset = -len(s:comment_string)
  else
    call setline('.', l:prefix . s:comment_string . l:line[l:i:])
    let l:cur_offset = len(s:comment_string)
  endif
```

```
    call cursor(l:cur_row, l:cur_col + l:cur_offset)
endfunction

nnoremap gc :call g:ToggleComment()<cr>
```

保存脚本，重载并用 gc 执行脚本，如图 8.26 所示。

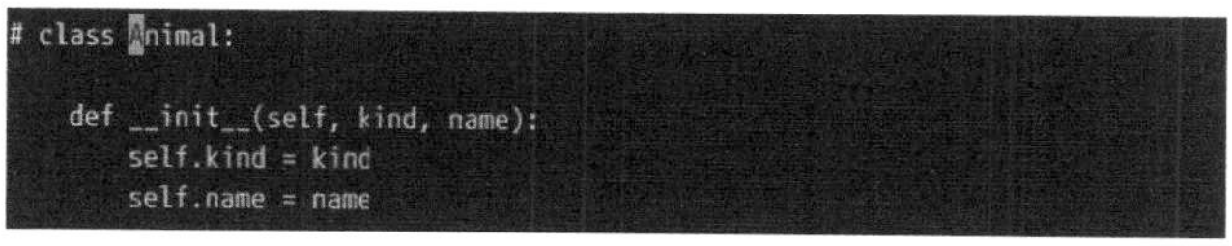

图 8.26

再次执行 gc，测试取消注释的功能，如图 8.27 所示。

图 8.27

至此，一个基础版本的插件就完成了。

8.6.3　插件的重新组织

8.6.2 节中编写的插件代码都放在一个文件中，本节将其分解为多个文件，以便于使工程显得更有条理。我们来回顾一下本章中关于插件布局的介绍。

ftplugin/ 目录包含了文件类型相关的插件配置。而本章编写的插件除了 s:comment_string 变量，大体上与 Python 并没有太大的相关性。因此，我们可以将此变量移动到文件<...>/vim-commenter/ftplugin/python.vim 中。

```
" Python 行内注释的标示
let g:commenter#comment_str = '# '
```

变量的作用域从 s: 变成了 g:（因为变量需要被其他脚本调用），而且它的名称中还添加了 commenter# 命名空间，以避免命名空间冲突。

在<...>/vim-commenter/plugin/commenter.vim 中也需要相应地修改变量名。

读者可以借机练习一下前面介绍过的替换命令。

`:%s/\<s:comment_string\>/g:commenter#comment_str/g`

另一个读者会关心的目录是 `autoload/`。在目前的配置中，每次 Vim 启动都会解析和加载 `g:commenter#ToggleComment`，这会影响启动速度。因此，我们可以将此函数移动到 `autoload/` 目录中。同样地，函数的名称也需要添加命名空间，即这里的 `commenter`。`<...>/vim-commenter/autoload/commenter.vim` 文件的创建过程如下。

```
" 注释 Python 代码的当前行
function! g:commenter#ToggleComment()
  let l:i = indent('.')  " 缩进的空格数目
  let l:line = getline('.')
  let l:cur_row = getcurpos()[1]
  let l:cur_col = getcurpos()[2]
  let l:prefix = l:i > 0 ? l:line[:l:i - 1] : ''  " 处理无缩进的情况
 if l:line[l:i:l:i + len(g:commenter#comment_str) - 1] ==
   \ g:commenter#comment_str
  call setline('.', l:prefix .
      \ l:line[l:i + len(g:commenter#comment_str):])
   let l:cur_offset = -len(g:commenter#comment_str)
  else
   call setline('.', l:prefix . g:commenter#comment_str . l:line[l:i:])
   let l:cur_offset = len(g:commenter#comment_str)
  endif
  call cursor(l:cur_row, l:cur_col + l:cur_offset)
endfunction
```

而 `<...>/vim-commenter/plugin/commenter.vim` 文件只需要完成按键的映射。

```
nnoremap gc :call g:commenter#ToggleComment()<cr>
```

下面是整个插件的加载和工作流程。

- 读者打开 Vim，Vim 会加载 `<...>/vim-commenter/plugin/ commenter.vim`，而 `gc` 映射也会注册。

- 读者打开一个 Python 文件，Vim 会加载 `<...>/vim-commenter/ftplugin/ python.vim`，`g:commenter#comment_str` 得到初始化。

- 读者执行 `gc`，Vim 会加载 `<...>/vim-commenter/autoload/commenter.vim` 文件中的 `g:commenter#ToggleComment` 并执行。

还有一个目录没有涉及，那就是 `doc/`。Vim 以文档详尽著称，本书建议读者制作插件时也要坚持这一原则。

现在添加文件`<...>/vim-commenter/doc/commenter.txt`。

```
*commenter.txt* 你的第一个代码注释插件
*commenter*


=============================================================================
CONTENTS                                                   *commenter-contents*
 1. 介绍...........................................................|commenter-intro|
 2. 用法...........................................................|commenter-usage|


=============================================================================
1. 介绍                                                        *commenter-intro*
是否曾经有过只用 3 个按键就实现注释的想法？现在愿望成真了！一个全新
的插件出现在你面前，可以让你在 Python 中快速地注释一行代码。

2. 用法                                                        *commenter-usage*

本插件支持如下键盘绑定。

    gc: 对当前行添加注释或去掉注释。

介绍完毕。谢谢观赏！


    vim:tw=78:ts=2:sts=2:sw=2:ft=help:norl:
```

Vim 的帮助文件有其特定的格式，这里对以下几个要点进行说明。

- `*help-tag*`表示一个名为 help-tag 的帮助标签。有了它，读者就可以通过执行`:help help-tag`命令来访问包含`*help-tag*`的文件，并将光标定位在此标签上。

- `Text...|help-tag|`用于浏览帮助文档。通过这种标记，读者可以从当前章节跳转到相应的标签的定义之处。

- `===`用于实现较为美观的分割效果，没有实际含义。

- 类似于`vim:tw=78:ts=2:sts=2:sw=2:ft=help:norl:`的行用于明确 Vim 在编辑该文件时如何显示（其中的每一个选项都可以用 set 设置），这对于没有明确格式规范的文件类型是很有用的（如.txt 文件）。

关于 Vim 的帮助格式的更多内容请参考`:help help-writing`。但是，更快捷的学习方法是找一个常用的插件，然后仿照其做法。

完成文档的编写之后，还需要生成帮助文档的标签索引，以便 `:help command` 及其相似命令加载文档中的相关条目。运行如下命令生成索引。

:helptags ~/.vim/pack/plugins/start/vim-commenter/doc

然后，读者就可以访问帮助文件中的相关条目了。

:help commenter-intro

如图 8.28 所示为跳转到相关帮助页面的界面。

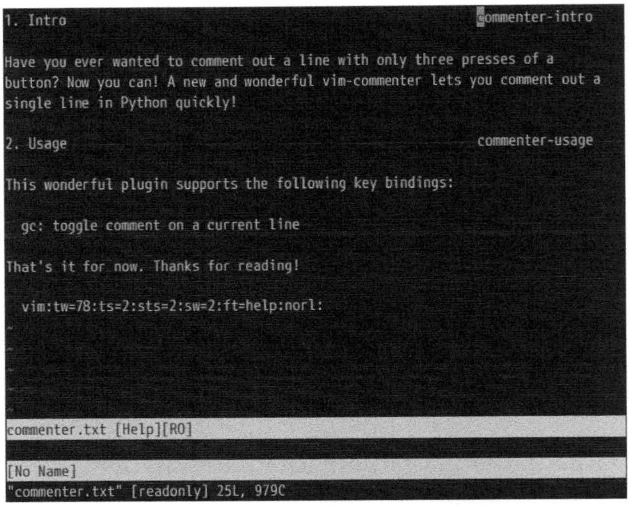

图 8.28

8.6.4 插件的改进

插件的改进包括很多方面，这里主要关注以下两个问题。

- 该插件用于其他语言时会出错。

- 该插件不支持同时注释多行。

对于第一问题，我们需要改进插件，以使其支持不同的语言。当前，如果在 `.vim` 文件中使用该插件，则会出现如图 8.29 所示的错误。

因为 g:commenter#comment_str 被定义在 <...>/vim-commenter/ ftplugin/ python.vim 文件中，所以其只在 Python 文件中有定义。

Vim 语法文件针对不同语言提供不同的外观设置，但是它们的风格并不一致，由于篇幅有限，本书对相关内容不再详细介绍，有兴趣的读者可以自行查阅参考资料。

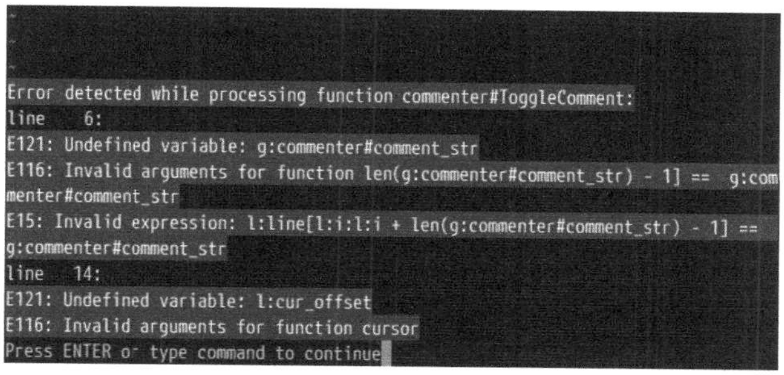

图 8.29

这里介绍针对第一个问题的改进方法。

检查一个变量是否存在的函数为 exists。因此，可以在<...>/vim-commenter/
autoload/commenter.vim 中实现一个新函数，其作用是当发现 g:commenter#
comment_str 未设置时抛出一个定制的错误信息。

```
" 如果 g:commenter#comment_str 存在，返回 1
function! g:commenter#HasCommentStr()
  if exists('g:commenter#comment_str')
    return 1
  endif
  echom "vim-commenter doesn't work for filetype " . &ft . " yet"
  return 0
endfunction


" 注释 Python 代码的当前行
function! g:commenter#ToggleComment()
  if !g:commenter#HasCommentStr()
    return
  endif
  let l:i = indent('.') " 缩进的空格数目
  let l:line = getline('.')
  let l:cur_row = getcurpos()[1]
  let l:cur_col = getcurpos()[2]
  let l:prefix = l:i > 0 ? l:line[:l:i - 1] : '' " 处理无缩进的情况
  if l:line[l:i:l:i + len(g:commenter#comment_str) - 1] ==#
    \ g:commenter#comment_str
    call setline('.', l:prefix .
  \ l:line[l:i + len(g:commenter#comment_str):])
    let l:cur_offset = -len(g:commenter#comment_str)
```

```
  else
    call setline('.', l:prefix . g:commenter#comment_str . l:line[l:i:])
    let l:cur_offset = len(g:commenter#comment_str)
  endif
  call cursor(l:cur_row, l:cur_col + l:cur_offset)
endfunction
```

然后，在任何非 Python 的文件中尝试注释一行，都会提示一条消息，如图 8.30 所示。

图 8.30

实现这个功能之后，用户体验可以得到很大程度的提升。

下面为插件添加多行注释的功能，一个简单的办法是允许用户在 gc 命令前加一个数字。

Vim 中用 v:count 来访问一个映射之前的数字。还有一个更好用的 v:count1 命令，它和 v:count 类似，只不过默认值为 1（这样就可以重用更多之前的代码了）。

更新 <...>/vim-commenter/plugin/commenter.vim 中的映射如下。

```
nnoremap gc :<c-u>call g:commenter#ToggleComment(v:count1)<cr>
```

其中，<c-u> 是使用 v:count 或 v:count1 的前提条件。相关解释请查看帮助文档 :help v:count 和 :help v:count1。

> 事实上，还可以通过可视模式的多行选择实现多行注释，映射方法如下。
>
> ```
> vnoremap gc :<cu>call g:commenter#ToggleComment( \ line("'>") - line("'<") + 1)<cr>
> ```
>
> 其中 line("'>") 获得选择的最后一行的行号，而 line("'<") 则为选择的第一行的行号。最后一行行号减去第一行行号，再加一，就得到了选择的行数。

现在，在 <...>/vim-commenter/autoload/commenter.vim 中添加几个新函数。

```
" 如果 g:commenter#comment_str 存在，返回 1
function! g:commenter#HasCommentStr()
  if exists('g:commenter#comment_str')
    return 1
```

```
      endif
      echom "vim-commenter doesn't work for filetype " . &ft . " yet"
      return 0
endfunction


" 检测一个行区间中的最小缩进数目
function! g:commenter#DetectMinIndent(start, end)
    let l:min_indent = -1
    let l:i = a:start
    while l:i <= a:end
      if l:min_indent == -1 || indent(l:i) < l:min_indent
        let l:min_indent = indent(l:i)
      endif
      let l:i += 1
    endwhile
    return l:min_indent
endfunction


function! g:commenter#InsertOrRemoveComment(lnum, line, indent, is_insert)
    " 处理无缩进的情况
    let l:prefix = a:indent > 0 ? a:line[:a:indent - 1] : ''
    if a:is_insert
      call setline(a:lnum, l:prefix . g:commenter#comment_str .
    \ a:line[a:indent:])
    else
      call setline(
          \ a:lnum, l:prefix . a:line[a:indent + len(g:commenter#comment_str):])
    endif
endfunction


" 注释 Python 代码的当前行
function! g:commenter#ToggleComment(count)
    if !g:commenter#HasCommentStr()
      return
    endif
    let l:start = line('.')
    let l:end = l:start + a:count - 1
    if l:end > line('$') " Stop at the end of file.
      let l:end = line('$')
    endif
    let l:indent = g:commenter#DetectMinIndent(l:start, l:end)
let l:lines = l:start == l:end ?
    \ [getline(l:start)] : getline(l:start, l:end) let l:cur_row = getcurpos()[1]
```

```
    let l:cur_col = getcurpos()[2]
    let l:lnum = l:start
    if l:lines[0][l:indent:l:indent + len(g:commenter#comment_str) - 1] ==#
        \ g:commenter#comment_str
      let l:is_insert = 0
      let l:cur_offset = -len(g:commenter#comment_str)
    else
      let l:is_insert = 1
      let l:cur_offset = len(g:commenter#comment_str)
    endif
    for l:line in l:lines
      call g:commenter#InsertOrRemoveComment(
          \ l:lnum, l:line, l:indent, l:is_insert)
      let l:lnum += 1
    endfor
    call cursor(l:cur_row, l:cur_col + l:cur_offset)
endfunction
```

这段代码比较长，但是并没有看起来那么复杂，只是添加了以下两个新函数。

- `g:commenter#DetectMinIndent` 找出指定区间内的每一行最小的缩进数目，以保证缩进到最外层代码的缩进层次。

- `g:commenter#InsertOrRemoveComment` 用于插入或删除指定行在指定缩进层次上的一个注释符号。

我们来测试这个插件，执行 `11gc`，结果如图 8.31 所示。

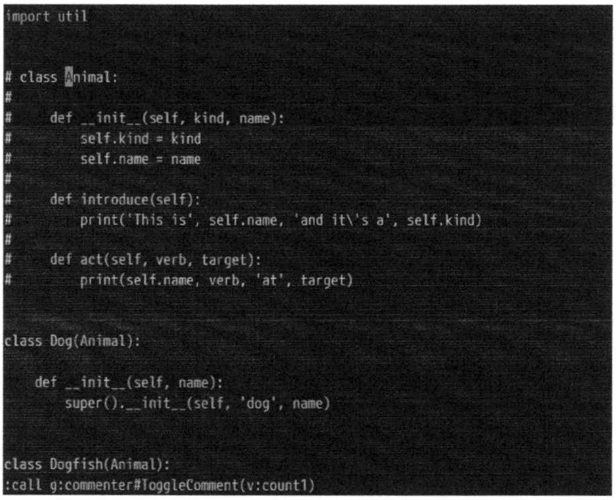

图 8.31

至此，这个小插件可以支持同时注释多行。读者可以再尝试其他情况，比如在可视模式下注释、范围超出文件末尾或反复对一行注释和取消注释，等等。

8.6.5　插件的发布

插件编写完成之后，就基本具备发布的条件了。不过，读者还需要完成以下几个步骤。

首先是更新文档，添加一个 README.md 文件，方便用户了解插件的用途（可以直接从插件的介绍文档中复制）。还需要一个 LICENSE 文件，用于注明插件发布所遵循的许可证或协议。插件作者可以选择使用和 Vim 相同的许可方式（:help license），也可以选择其他方式。

然后，将$HOME/.vim/pack/plugins/vim-commenter 转换成一个 Git 仓库，并上传到某个服务器。

整个 Git 相关的流程如下。

```
$ cd $HOME/.vim/pack/plugins/start/vim-commenter
$ git init
$ git add .
$ git commit -m "First version of the plugin is ready!"
$ git remote add origin <repository URL>
$ git push origin master
```

整个插件制作流程都已经完成并成功发布，读者可以用诸如 vim-plug 之类的插件管理器来使用这个插件。

8.6.6　还能进行哪些改进

本章的插件还有很大的改进空间，读者可以继续改进这个插件，比如增加对可视模式的支持，对其他语言的支持，等等。

8.7　延伸阅读

Vimscript 是一个复杂而宏大的主题，本章只能算是简单介绍。如果读者想要学习更多相关内容，下面列出了一些有参考价值的资料。

首先是阅读:help eval，其中包含了 Vimscript 相关的大部分信息。

也可以选择在线的教程或图书。很多人推荐 Steve Losh 编写的 *Learn Vimscript the Hard Way*。

8.8 小结

本章首先讲解了 Vimscript，这个脚本语言可以做任何事，限制我们的只有想象力。讲解的内容包括操作变量、使用列表和字典、控制输出以及使用 `if/for/while` 控制语句。另外，还介绍了函数、Lambda 表达式、Vimscript 中类的实现、基于 map 和 filter 的函数式方法，以及 Vim 特有的一些命令和函数。

然后，本章还介绍了如何编写一个插件 `vim-commenter`。此插件可用于 Python 文件的注释和取消注释，只需要简单的按键即可实现（准确地讲是两个字母构成的快捷键）。另外，本章还讲解了如何组织一个插件的文件结构、如何使用 Vimscript 实现一些目标以及如何发布插件。

最后，本章还向读者推荐了进一步学习 Vimscript 的资源，包括：`help eval` 和一本图书。

第 9 章会介绍 Neovim，它是一个 Vim 变体，也是开发者对改进 Vim 的重要尝试。

第 9 章
Neovim

Neovim 是 Vim 的一个分支，它的目标是使 Vim 的核心开发者更便捷地维护 Vim，同时使插件更易于开发和集成。本章主要包括以下内容。

- Neovim 的重要性。

- Neovim 如何安装和配置。

- Neovim 和 Vim 配置文件的同步。

- Neovim 独有的插件。

9.1　技术要求

本章会基于已有的 .vimrc 文件创建一个 Neovim 配置文件。读者可以自行编写这样一个配置文件，也可以从本书官方 GitHub 仓库中下载。

此配置文件的详细解释在 Chapter09/ 目录中的 README.md 文件中。

9.2　为什么需要另外一种 Vim

Neovim 的存在是为了解决关于 Vim 的以下几个核心问题。

- Vim 的代码库已经有多年的历史，维持向后兼容是非常困难的。

- 编写某些 Vim 插件比较困难，特别是异步操作，这是 Vim 长期以来的痛点（从 Vim 8 开始，Vim 开始支持异步操作，但这已经是 Neovim 出现之后的事了）。

- 事实上，不仅是异步操作，编写 Vim 插件也不太容易，而且要求开发者熟悉 Vimscript。

- 在现代操作系统中，如果没有一个编写好的 .vimrc，那么 Vim 使用起来会比较困难。

Neovim 从如下几个方面来解决这些问题。

- 大刀阔斧重构 Vim 的代码库，包括使用单一的编码风格和增加测试的覆盖率。

- 放弃对旧系统的支持。

- 使用适应于现代系统的默认设置。

- 提供丰富的插件开发 API，支持与外部程序的通信，包括对 Python 和 Lua 脚本的支持。

Vim 被安装到了大量各式各样的系统中，因此向后兼容且适应各种特殊情况需要重点考虑。而在新的分支上，Neovim 就没有这个负担，可以不断进行各种尝试和改进，而且能够促使 Vim 变得更好。

Neovim 的重要性体现在它可以更容易地增加新功能，插件的开发也更方便，因此有希望吸引更多的开发者，并吸收更多新的思考和想法，从而让这个编辑器有更好的发展。

9.3　Neovim 的安装和配置

Neovim 及其安装方法可以在其 GitHub 仓库 neovim/neovim 中找到。读者既可以下载二进制安装包，也可以通过包管理器安装。由于网上的安装过程已经非常详尽，而且更新非常快，因此建议读者安装之前先浏览该仓库中的 wiki/Installing-Neovim 文件。

对于 Debian 系列的 Linux 发行版，可以通过 $ sudo apt-get install neovim 安装 Neovim，并用 Python3 -m pip install neovim 来实现 Neovim 对 Python 3 的支持。

安装好 Neovim 之后，启动 Neovim 的命令为 $ nvim。我们可以看到如图 9.1 所示的 Vim 界面，看起来与 Vim 并没有太大区别。

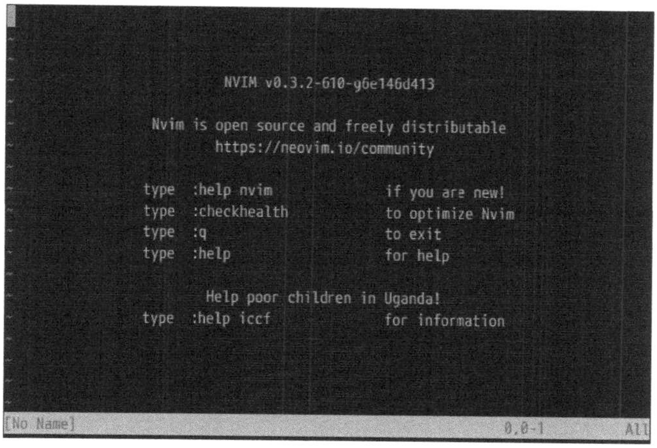

图 9.1

读者熟悉的所有 Vim 命令都可以在 Neovim 中使用，Neovim 的配置文件格式也与 Vim 相同。不过，.vimrc 在 Neovim 中不会自动加载。

Neovim 的配置文件遵守 XDG 基本目录结构，即所有的配置文件都放在~/.config 目录中。Neovim 的配置文件被保存在~/.config/nvim 中。

- ~/.config/nvim/init.vim 对应于~/.vimrc。

- ~/.config/nvim/对应于~/.vim/。

读者可以直接将 Neovim 的配置文件链接到 Vim 的配置文件。

```
$ mkdir -p $HOME/.config
$ ln -s $HOME/.vim $HOME/.config/nvim
$ ln -s $HOME/.vimrc $HOME/.config/nvim/init.vim
```

做好上述软连接之后，Neovim 就可以加载原来的.vimrc 文件了。

在 Windows 系统，Neovim 的配置文件一般位于 C:\Users\%USERNAME%\AppData\ Local\nvim 目录中。当然，使用快捷方式访问 Vim 的配置文件也是可以实现的。

```
$ mklink /D %USERPROFILE%\AppData\Local\nvim %USERPROFILE%\vimfiles
$ mklink %USERPROFILE%\AppData\Local\nvim\init.vim %USERPROFILE%\_vimrc
```

9.3.1 检查健康状态

在如图 9.1 所示的 Neovim 欢迎界面中，Neovim 提示用户运行:checkhealth 命令，执行命令后可以看到如图 9.2 所示的界面。

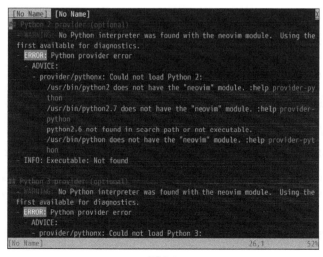

图 9.2

　　Neovim 的健康检查会汇报当前 Neovim 设置中的所有错误，并给出修复的建议。读者应该查看检查结果，并修复相关的错误。比如，如图 9.3 所示的界面中提示 Neovim 的 Python 支持需要一个 `neovim` 库。

图 9.3

因此，读者需要安装缺失的 Python 库。

```
$ pip install neovim            # Python 2
$ python3 -m pip install neovim  # Python 3
```

相比于 Vim，Neovim 有一个非常好的特性，即启用某个功能或选项时不需要重新编译。比如，只要安装了名为 `neovim` 的 Python 包，Neovim 重启之后就会具备对 Python 的支持。

9.3.2　合理的默认选项

Neovim 的默认选项与 Vim 有很大的不同。在现代的计算机世界里，文本编辑器的默认值需要对用户比较友好。默认情况下 Vim 的 `.vimrc` 文件并不包含任何默认设置，而 Neovim 默认已经设置好语法高亮、合理的缩进设置、`wildmenu`、高亮显示搜索结果和增量搜索（`incsearch`）等。

读者可通过查看 `:help nvim-defaults` 了解 Neovim 的默认选项。

如果读者想要同步 Vim 和 Neovim 的配置文件，则最好是在 `~/.vimrc` 中加入如下设置（然后再将其链接为 `~/.config/nvim/init.vim`）。

```
if !has('nvim')
  set nocompatible                        " 与 vi 不兼容
  filetype plugin indent on               " 对现在的插件是必须的
  syntax on                               " 语法高亮
  set autoindent                          " 沿用上一行缩进
  set autoread                            " 从磁盘自动重载文件
  set backspace=indent,eol,start          " 现代编辑器的退格键行为
  set belloff=all                         " 禁用错误报警声
  set cscopeverbose                       " 详细输出 cscope 结果
  set complete-=i                         " 补全时，不要对当前被包含的文件进行扫描
  set display=lastline,msgsep             " 显示更多消息文本
  set encoding=utf-8                      " 设置默认编码
  set fillchars=vert:|,fold:              " 分隔字符
  set formatoptions=tcqj                  " 更直观的自动格式化
  set fsync                               " 调用 fsync() 实现更健壮的文件保存
  set history=10000                       " 最大的历史记录数
  set hlsearch                            " 搜索结果高亮显示
  set incsearch                           " 搜索时边输入边搜索、并移动光标
  set langnoremap                         " 避免出现映射崩溃的情况
  set laststatus=2                        " 总是显示状态栏
  set listchars=tab:>\ ,trail:-,nbsp:+    " :list 时一些特殊字符的显示
  set nrformats=bin,hex                   " 对<c-a>和<c-x>的支持
```

```
    set ruler                          " 在状态栏角落里显示当前行位置信息
    set sessionoptions-=options        " 不同会话不共享选项
    set shortmess=F                    " 文件信息少显示一些
    set showcmd                        " 在状态栏中显示最后一条命令
    set sidescroll=1                   " 更平滑的侧边滚动条
    set smarttab                       " 更智能的<Tab>键响应方式
    set tabpagemax=50                  " -p 选项能够打开的最大数目的标签页
    set tags=./tags;,tags              " 用于搜索标签的那些文件名
    set ttimeoutlen=50                 " 按键序列中等待下一个的时间，单位为毫秒
    set ttyfast                        " 要求实现快速的终端连接
    set viminfo+=!                     " 为多个会话保存全局变量
    set wildmenu                       " 增强命令行补全功能
endif
```

以上代码中的每个设置项后面都有一个简短的注释，更多信息需要读者查看相应的:help。

9.4　Oni

Oni 是基于 Neovim 实现的跨平台图形用户界面编辑器，GitHub 仓库为 onivim/oni。该编辑器为 Neovim 增加了集成开发环境（IDE）的功能，包括一个内置的浏览器、原生支持的自动补全和模糊搜索、一个命令菜单以及多种教程，还有明显提升用户体验的其他功能，而且它还沿用了 Neovim 的配置文件和键盘绑定。Oni 的界面如图 9.4 所示。

图 9.4

如图 9.5 所示为内置浏览器界面（用 `Ctrl + Shift + p` 组合键打开命令菜单，再输入 `Browser`）。

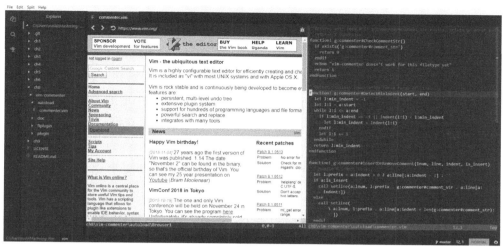

图 9.5

Oni 完美地继承了 Vim 的精髓，读者可以完全实现无鼠标操作（按 `Ctrl + g` 组合键再输入屏幕上提示的按键，可以访问页面上的任意元素），如图 9.6 所示。

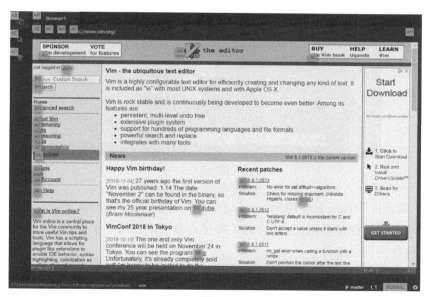

图 9.6

9.5　Neovim 高亮显示插件

Neovim 大体上和 Vim 后向兼容，并且支持很多 Vim 插件（实际上，除了 Powerline，它能够支持本书中提到的所有插件）。

不过，因为 Neovim 原生支持异步插件，并且提供了一些对开发者友好的功能，所以有很多插件只能在 Neovim 中运行。值得一提的是，Vim 8 中增加了原来只有 Neovim 才有的功能（支持异步插件），Vim 8.1 中则出现了终端模式，这都是 Neovim 出现几年之后才有的。

下列插件（除了 NyaoVim）可以移植到 Vim 中，但是功劳属于 Neovim 社区。这个列表并不完整，也许很快就会过时。但是在编写本书时，它们还都是非常流行的插件。

- Dein（GitHub 仓库为 `Shougo/dein.vim`）是一个异步插件管理器，类似于 vim-plug。

- Denite（GitHub 仓库为 `Shougo/denite.nvim`）是一个模糊搜索插件，搜索范围甚广，包括缓冲区、当前文件中的行，甚至还可以是色调（基本上是一个无所不能的 CtrlP）。比如，可在当前文件中的搜索关键字所在的行号，如图 9.7 所示。

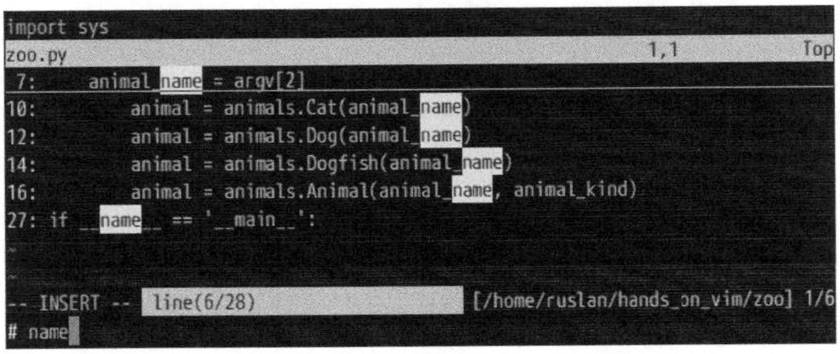

图 9.7

- NyaoVim（GitHub 仓库为 `rhysd/NyaoVim`）是 Neovim 的一个跨平台的基于网络组件的图形界面插件。它的主要优点是可以将易于扩展和添加新的用户界面插件作为网络组件。

- Neomake（GitHub 仓库为 `neomake/neomake`）是一个异步的语法检查器和编译器，它提供了一个针对不同文件类型的异步命令：`Neomake`。

- Neoterm （GitHub 仓库为 kassio/neoterm）扩展了 Vim/Neovim 的终端功能，让它们更容易地在已有终端中运行命令。

- NCM2 （GitHub 仓库为 ncm2/ncm2）是 Vim/Neovim 的一个强大且可扩展的代码补全框架。

- gen_tags（GitHub 仓库为 jsfaint/gen_tags.vim）是一个异步 ctags/gtags 生成器。gtags 比 ctags 稍微强大一些，但支持的语言种类较少。

9.6　小结

本章介绍了 Neovim，它是 Vim 的一个分支，致力于使 Vim 的代码库更容易管理，使用户和开发者可以更容易地添加功能和编写插件，并鼓励外部应用程序与 Neovim 的整合。

首先，本章简要介绍了 Neovim 的安装方法，以及如何在 Neovim 中使用原有的 Vim 配置文件，然后介绍了如何在 Vim 中配置 Neovim 的默认设置，以便两者可以同步配置文件。

最后，本章简要回顾了一下 Neovim 社区创建的一些优秀插件。

第 10 章将推荐一些 Vim 资源和相关社区，读者可以带着自己的想法进一步探索 Vim 旅程。

第 10 章
延伸阅读

欢迎来到本书最后一章，来到这里意味着读者已经开启了 Vim 世界的奇妙旅程。

本章作为总结，旨在为读者提供一些思考，主要包括以下内容。

- 健康的文本编辑习惯（来自于 Bram Moolenaar 的讲稿）。

- 在 Vim 之外使用基于模式的界面，包括集成开发环境（IDE）、浏览器，等等。

- 推荐几个 Vim 社区和一些参考资料。

10.1 高效文本编辑的 7 个习惯

本节为 Bram Moolenaar 在 2000 年发表的文章及讲稿的摘要，介绍了高效编辑的 7 个习惯。

1. 快速移动光标。

2. 避免重复输入。

3. 发现错误马上修改。

4. 学会同时处理多个文件。

5. 学会组合使用多种工具。

6. 用结构化思想去理解文本。

7. 坚持好的做法并养成习惯。

建议读者直接去 Bram 的网站阅读原文。

因为开发者需要花大量时间阅读和编辑代码，所以 Bram 的 7 个习惯实际上可以进一步总结为改进文本编辑能力的三步法。

1. 发现低效。

2. 提高效率。

3. 形成习惯。

这 3 个步骤适用于很多场合，下面是其中一个示例。

1. **发现低效**：移动光标需要花费很多时间。

2. **提高效率**：通常，用户移动光标是为了找到某些已经存在的文本。读者可以通过搜索文本来移动光标，或者进一步采用如下策略。

● 用*来搜索光标下的单词。

● 用`:set incsearch`实现输入即搜索。

● 用`:set hlsearch`高亮显示每个匹配项。

3. **形成习惯**：练习学到的技能，在`.vimrc`设置`incsearch`和`hlsearch`。需要用/搜索光标附近的单词时，改用*。

10.2 无处不在的模式界面

能够坚持阅读到本章的读者应该已经认同模式界面的强大之处，但学会这个能为我们带来什么好处呢？

事实上，很多应用程序在一定程度上支持模式界面，特别是与 Vi 使用方法兼容的程序。

一些成熟的文本编辑器和 IDE 支持用类似于 Vi 的键盘绑定来移动光标或操作文本。下面是其中一些代表。

● **Evil** 是 Emacs 上的 Vim 模拟器，GitHub 仓库为 `emacs-evil/evil`。

● **IdeaVim** 是一种 Vim 模拟器，适用于基于 `IDEA` 的 `IDE`（包括 `IntelliJ IDEA`、`PyCharm`、`CLion`、`PhpStorem`、`WebStorm`、`RubyMine`、`AppCode`、`DataGrip`、`GoLand`、`Cursive` 和 `Android Studio`），**GitHub** 仓库为 `JetBrains/ideavim`。

- Eclim 支持从 Vim 中使用 Eclipse 的功能。

- Vrapper 为 Eclipse 增加了类似于 Vi 的键盘绑定。

- Atom 有一个 vim-mode-plus 插件，GitHub 仓库为 `t9md/atom-vim-mode-plus`。

因为还有很多其他软件也在拥抱 Vim，所以当有其他编辑器比 Vim 更能满足某项任务的需求（如读者坚持使用某种 IDE），但读者又不想舍弃 Vim 的键盘绑定时，可以采用这种折中的方式。

10.2.1　拥有 Vim 用户体验的网页浏览器

现代开发工作流程都极度依赖于网络，很多人编写代码时会不停地打开浏览器。但是，在基于键盘（编程）和基于鼠标（上网）的两种工作方式之间不断切换，无疑会降低工作效率。为避免这种情况出现，读者可以在浏览器中安装一个支持 Vi 键盘绑定的插件。

我们很难对浏览器的未来发展趋势做出准确预测，本节的内容只讨论目前比较流行的几种浏览器。

1．Vimium 和 Vimium-FF

Vimium 是 Chrome 的扩展，它支持用 Vim 快捷键浏览网页。该插件还有 Firefox 版本，名为 Vimium-FF。

按 f 键，Vimium 会高亮显示页面上的每个链接，并用一个或几个字母唯一标识（类似于 Vim 中的 EasyMotion）。如图 10.1 所示。

按不同的字母会打开不同的链接或把光标移动某个文本框中。Vimium 支持通过可视选择来复制文本，而无须使用鼠标：按 v 键可进入 caret 模式（此模式下可以用鼠标移动光标），再次按 v 键可进入可视选择模式。在这两种模式下，大部分按键与 Vim 中类似，如图 10.2 所示。

选中一段文字之后，按 y 键即可完成复制（yank）。

Vimium 还提供一个地址栏（称为 omnibar），用于在不同标签页之间切换（快捷键为 T）、打开 URL 地址/历史记录（快捷键为 o 和 O），以及打开书签（快捷键为 b 和 B），如图 10.3 所示。

图 10.1

图 10.2

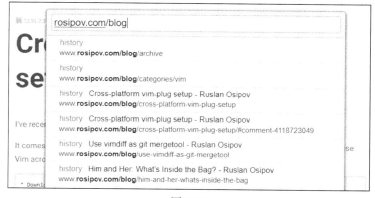

图 10.3

帮助页面可以使用?键弹出。从 Vimium 的帮助页面中我们可以了解 Vimium 的功能和快捷键，如图 10.4 所示。

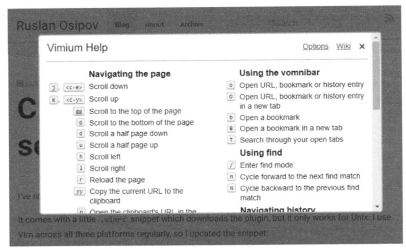

图 10.4

2．其他插件

Vimium 和 Vimium-FF 是编写本书时较流行的浏览器 Vim 插件(从 Chrome Web Store 和 Firefox Add-On 网站可以看到用户数目)。除此之外，读者还有很多其他选择，而且大部分成熟的浏览器也包含 Vim 插件，比如下面几种。

- Google Chrome 插件 cVim 和 Vrome 与 Vimium 的功能类似，但两者在功能上稍有区别。插件 wasavi 侧重于通过模拟 Vim 的方式编辑文本。

- Safari 也有 Vimium 移植版本，称为 Vimari。

- Mozilla Firefox 除 Vimium-FF 之外也有其他类似插件，比如 Vim Vixen 和 Tridactyl。

- Opera 本身就支持安装 Chrome 的插件。

10.2.2　无处不在的 Vim

在现代操作系统的每个文本编辑场合都有使用 Vim 编辑的解决方案。例如，Linux 和 macOS 系统中的软件 vim-anywhere，Windows 系统中的软件 Text Editor Anywhere。

1．Linux 和 macOS 系统中的 vim-anywhere

vim-anywhere 支持在 Linux 或 macOS 系统中启动 gVim 或 MacVim。安装成功后，将光标置于任意文本编辑框，按 `ctrl + command + v` 组合键或 `Ctrl + Alt + v`（Linux）组合键，vim-anywhere 会打开 `MacVim` 或 `gVim`，如图 10.5 所示。

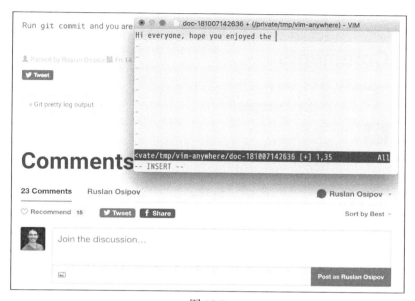

图 10.5

在 Vim 中保存缓冲区，退出 `MacVim` 或 `gVim`，vim-anywhere 会将缓冲区中的内容插入原来的文本编辑框中。

2．Windows 系统中的 Text Editor Anywhere

Text Editor Anywhere 支持选中任意文本，然后在读者选择的编辑器中打开，编辑完成后再将修改后的文本插入原来的位置。

Text Editor Android 可以与 gVim 配合使用，比如将 `Alt + a` 组合键设置为选择文本，然后再打开 `gVim`，如图 10.6 所示。

完成编辑后保存缓冲区，再退出 `gVim`。Text Editor Anywhere 会显示原来的文本编辑框，并填入保存的缓冲区内容。

图 10.6

10.3 推荐的阅读材料和社区

本书并不妄求成为 Vim 的百科全书,因为需要学习和探索的内容实在是太多了。一万个读者有一万种学习风格,常见的学习途径为,先在 `:help user_toc.txt` 中梳理 Vim 手册(可以从头读到尾),然后加入 Vim 社区的聊天群组或邮件列表,或者深入阅读其他参考资料。

本节介绍如下几种可能的学习途径。

10.3.1 邮件列表

Vim 有几个主要的邮件列表,可供读者浏览和订阅,列举如下。

● `vim-announce@vim.org`,官方公告频道。

● `vim@vim.org`,主要的用户支持邮件列表。

● `vim-dev@vim.org`,Vim 开发者邮件列表。

10.3.2　IRC

有的读者可能不太熟悉，IRC 表示互联网中继聊天（Internet Relay Chat），是国外比较流行的技术聊天群。IRC 是一种交换消息的协议，主要用于群组讨论。

很多 Vim 核心开发者和用户会频繁使用 Vim 的 IRC 频道。编写本书时，freenode 上的 IRC 频道#vim 日均用户数为 1000 人（当然不全是活跃用户，IRC 中潜水者众多）。Vim 频道是用户发起提问的好地方，一般都能得到 Vim 社区的回应。

此频道的登录方式可以是 Freenode 的网络客户端，也可以是某个 IRC 客户端。比如，我们推荐使用 irssi，这是一个命令行客户端，但是需要大量的设置才能使这个程序更高效。

10.3.3　其他社区

除 10.3.2 节介绍的社区之外，网络上还有很多其他活跃社区，下面列举了几个有代表性的论坛或站点。

- Reddit 上有活跃的 Vim 论坛。
- Stackex Change 上有一个 Vim 的问答站点。
- Neovim 在 Gitter 上有一个非常活跃的聊天群。

10.3.4　学习资源

每个人的学习方式都不尽相同，不过下面的一些资源应该会对读者有所帮助。

- Vim Tips Wiki 上有大量的 Vim 小技巧。
- Vim screencats。
- *Learn Vimscript the Hard Way*，这是一本深入学习 Vimscript 的教程。

Vim 的原作者 Bram Moolenaar 也有一些 Vim 相关的笔记。Bram 积极参与了帮助乌干达儿童的公益组织，Vim 用户每天打开 Vim 时都能看到。

另外，本书作者的博客上也有一些 Vim 相关的文章，供读者参考。

10.4　小结

在本书的最后一章里，我们首先向读者推荐了 Bram Moolenaar 提出的高效文本编辑的 7 个习惯，建议读者反思自己的工作流程，适当改进并养成习惯。

然后，本章介绍了几种在其他 IDE、文本编辑器和浏览器（借助于 Vimium 之类的插件）中沿用 Vim 经验的方法。读者甚至可以在任意场合使用 Vim（借助于 vim-anywhere 和 Text Editor Anywhere）。

最后，本章推荐了几种与其他 Vim 用户和开发者交流的方法，包括邮件列表、IRC 频道、Reddit，等等，本章还分享了几种学习资源，包括 Vim Tips Wiki 和 *Learn Vimscript the Hard Way*。

那么，请开始快乐地使用 Vim 吧！